전기전자공학 전공자를 위한

기초전자기학

윤 현 상 저

도서출판 상 학 당

머리말

전자기학은 일반 전기산업 분야뿐만 아니라 전자나 정보통신 분야를 연구하는 데 꼭 필요한 기초분야이다. 또한 기계, 전기, 전자, 신소재, 센서, 정보통신, IT 지식과 기술이 융합되어 새롭게 발전하고 있는 4차 산업에서도 중요하다.

우주를 구성하는 핵심 요소인 전자기력에 대해 전자기학 같은 기초 지식은 전기 분야에서 끝나는 것이 아니라 다른 물리, 과학 분야와 연결되어 학문과 기술의 융합과 창조적인 응용에 대한 능력을 향상시키기 때문이다.

전자기학은 크게 정전계, 정자계, 시가변 전자계로 구성되어 있으며, 특히 이 책에서는 정전계, 정자계에 대한 설명을 그림과 더불어 충실히 다루었다. 정전계, 정자계 관련 지식이 자연스럽게 시가변 전자계에 대한 바른 이해를 가져 오기 때문이다.

또한 벡터량인 전자기력을 다루는 데 필요한 벡터해석에 대한 부분을 따로 다루었으며, 벡터해석에 대한 이해를 돕기 위하여 좌표계, 과학적 물리량을 표현하는 단위계, 입체각 등 관련 기초수학 지식을 도입하였다.

전자기학 관련 이론과 법칙에 대한 문제를 각각 예제로 다루었으며 적절한 그림과 풀이도 제공하여, 국가 자격시험을 준비할 수 있도록 하였다.

시가변 전자계에 대한 이해는 전속밀도, 자속밀도, 이들의 상호간 에너지 교환 메커니즘과 시가변 특성에 대한 지식에서 시작하기 때문에 잘 알 수 있도록 유전체와 자성체 내의 전기적, 물리적 메커니즘과 이를 잘 설명하는 그림을 제공하고자 하였다.

이 책이 전자기학을 공부하는 전기·전자 전공자들에게 작은 도움이 되기를 바라는 마음이다.

저자 윤현상

차 례

제 1 장 기초수학 / 9

제 2 장 정전계 / 43

제 5 장 진공 중의 정자계 / 163

제 6 장 전류에 의한 자계와 자성체 / 183

제 7 장 전자유도와 인덕턴스 / 243

제 1 장

기초수학

1-1 단위
1-2 SI 접두어
1-3 좌표계
1-4 입체각
1-5 벡 터
1-6 벡터의 미분연산

1-1 단 위

- 물리량(物理量)의 크기를 측정하거나 표시할 때 비교의 기준이 되는 양
- 기본단위를 정하여 사용한다.
- 다른 양의 단위는 물리법칙에 따라 기본단위를 조합해서 만든다(유도 단위, 보조 단위).
- 특수한 계량의 용도에 쓰이는 특수단위가 있다.

1-1-1 단위계

- 몇 개의 기본단위와 그 기본단위로부터 끌어낸 유도 단위(誘導單位)를 1개의 계(系)로 묶었을 때의 계통적인 단위의 모임을 단위계(單位系)라 한다.

  단위계로는 5개의 단위계를 들 수 있다.
- **5개의 단위계**

  국제단위계(SI 단위계)

  MKS 단위계

  MKSA 단위계

  CGS 단위계

  중력단위계

1-1-2 SI 단위계(International System of Units, 국제단위계)

- 과학, 공학 분야
- 미터법 기초(1960년 제11회 국제도량형 총회에서 미터계의 국제단위계 채용)
- 미터계의 MKSA 단위계를 확대한 것으로 길이(m), 질량(kg), 시

간(s), 전류(A) 의 기본단위에 열역학적 온도(K), 광도(cd), 물질량(mol)을 합쳐 7개의 단위를 SI 기본단위로 채용
- SI 보조 단위 : 평면각 라디안과 입체각 스테라디안 채용
- SI 유도 단위 : 기본단위에서 유도된 SI 유도 단위, 특수명칭을 가지는 SI 유도 단위, 특수명칭으로 표시된 SI 유도 단위, 보조단위를 사용한 SI 유도 단위의 4가지 구성
- SI 접두어 : 10의 거듭제곱(10^n 또는 10^{-n})

[표 1] SI 기본단위

	기본량	기호	단위
SI 기본단위	길이	m	미터
	질량	kg	킬로그램
	시간	s	초
	전류	A	암페어
	온도	K(℃+273)	켈빈
	광도	cd	칸델라
	물질량	mol	몰

1-1-3 MKS 단위계

- 기본단위 : 길이, 질량, 시간의 단위를 각각 (m), (kg), (s)
- 이 단위계에 온도를 더할 때는 섭씨온도(℃)를 사용한다.
- 전자기적 단위: 자기력선속(磁氣力線束)에 웨버(Wb), 자기장의 세기에 (암페어 횟수)/m를 쓰는 것 외에는 실용단위(實用單位)인 볼트(V), 쿨롱(C), 옴(Ω), 패럿(F), 헨리(H) 등이 그대로 쓰인다.

[표 2] SI 유도 단위

	기본량	기호	단위	물리량
SI 유도 단위	주파수/진동수	Hz	헤르츠	1/s
	힘/무게	N	뉴턴	$kg \cdot m/s^2$
	압력/응략	Pa	파스칼	N/m^2
	에너지/일/열량	J	줄	$N \cdot m = C \cdot V$
	전력	W	와트	$J/s = V \cdot A$
	전하/전기량	C	쿨롱	$A \cdot s$
	전위/기전력/전압	V	볼트	$J/C = W/A$
	전기용량	F	패럿	C/V
	전기저항/임피던스	Ω	옴	V/A
	전도율	S	지멘스	$1/\Omega$
	자속	Wb	웨버	$J/A = V \cdot s$
	자속밀도	T	테슬라	$Wb/m^2 = N/(A \cdot m)$
	인덕턴스	H	헨리	$Wb/A = V \cdot s/A$
	온도	℃	섭씨	K − 273.5 (kelvin)
	광선속	lm	루멘	$lx \cdot m^2 = cd \cdot sr$
	조도	lx	럭스	$lm/m^2 = cd \cdot sr \cdot m^{-2}$
	방사능	Bq	베크렐	$1/s = s^{-1}$
	흡수선량	Gy	그레이	J/kg
	등가선량	Sv	시버트	J/kg
	촉매활성도	kat	캐탈	mol/s
	평면각	rad	라디안	-
	입체각	sr	스테라디안	-

1-1-4 MKSA 단위계

- MKS 단위계 전류의 단위 암페어(A)를 추가한 단위계
- 온도는 섭씨온도(℃)를 사용
- 유도단위 : 힘 뉴턴(N), 일 및 에너지 줄(J)

1-1-5 CGS 단위계

- 기본단위 : 길이(cm), 질량(g), 시간(s)
- 일(에너지) 단위는 에르그(erg), 힘의 단위는 다인(dyne)

[표 3] MKS, CGS 단위계

명칭	MKS	CGS
길이	m	10^2cm
질량	kg	10^3g
시간	s	s
면적	m^2	10^4cm^2
가속도	m/s^2	$10^2cm/s^2$
힘	N(newton, $kg \times m/s^2$)	$10^5 g \cdot cm/s^2 = 10^5$dyne
일	J (joule, N×m)	10^7dyne × cm = 10^7erg
전력	W (watt, J/s)	
마력	Hp(horsepower, 746[watt])	
전력량	kWh (kilowatthour, $10^3W \times 3.6 \times 10^3 s = 3.6 \times 10^6 J$)	
열량	Cal(killocalorie)	10^3cal(calorie)

☞ 1[Cal]: 1[kg]즉 1[litter]=10^3[cm^3]의 순수한 물 1[℃]를 상승시키는데 필요한 열량

1[cal]=4.2[J], 1[Cal]=4200[J], 1[J]=0.24[cal]

$$1\,[\mathrm{kWh}] = 3.6 \times 10^6 \times \frac{1}{4200} = 860\,[\mathrm{Cal}]$$

1-2 SI 접두어

매우 큰 수나 작은 수를 나타내는데 소수점 앞이 0이 아닌 숫자로 표현되는 소수(dingle-digit number)와 거듭제곱을 사용

[표 4] 접두어

PREFIX	SYMBOL	VALUE	
exa	E	10^{18}	1,000,000,000,000,000,000
peta	P	10^{15}	1,000,000,000,000,000
tera	T	10^{12}	1,000,000,000,000
giga	G	10^{9}	1,000,000,000
mega	M	10^{6}	1,000,000
kilo	k	10^{3}	1,000
hecto	h	10^{2}	100
deka	da	10^{1}	10
deci	d	10^{-1}	0.1
centi	c	10^{-2}	0.01
milli	m	10^{-3}	0.001
micro	μ	10^{-6}	0.000,001
nano	n	10^{-9}	0.000,000,001
pico	p	10^{-12}	0.000,000,000,001
femto	f	10^{-15}	0.000,000,000,000,001
atto	a	10^{-18}	0.000,000,000,000,000,001

☞ $R = 470[k\Omega] = 470 \times 10^3[\Omega]$

$L = 20[\mu H] = 20 \times 10^{-6}[H]$

$C = 4.7[nF] = 4.7 \times 10^{-9}[F]$

[예제 1-1]

5[A]는 몇 [mA]인가?(단위변환)

풀이 : $5[A] = 5[A] \times \frac{10^3[mA]}{1[A]} = 5 \times 10^3[mA]$

1-3 좌표계

기하학에서 숫자나 기호를 써서 위치를 표기하는 방식으로 위치를 지정하는 숫자나 기호는 좌표라 불린다

1-3-1 직각좌표계(Cartesian coordinate system)

- 직선인 x, y, z축으로 구성된 좌표계
- x, y, z축은 상호 직교
- 임의 점 P의 x, y, z축에 투영된 좌표값 P(x, y, z) 위치 결정
- 평행 이동 대칭에는 매우 유용한 좌표계
- 단위벡터 : a_x, a_y, a_z
- 벡터 곱

$$a_x \times a_y = a_z$$

$$a_y \times a_z = a_x$$

$a_z \times a_x = a_y$

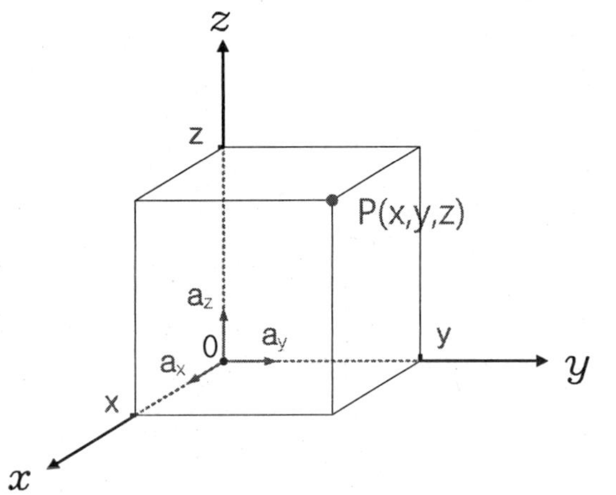

[그림 1-1] 직각좌표계

1-3-2 원통좌표계

- ρ, ϕ, z축으로 구성된 길이와 각으로 이루어진 좌표계
- ρ는 점 P와 z축 사이의 거리 또는 점 P의 xy평면 정사영(투영)의 길이
- ϕ는 수평각 또는 방위각
- 단위벡터 : a_ρ, a_ϕ, a_z
- 벡터 곱(외적) : $a_\rho \times a_\phi = a_z$

  $a_\phi \times a_z = a_\rho$

  $a_z \times a_\rho = a_\phi$
- 원통좌표계와 직각좌표계의 변환

  $x = \rho\cos\phi$

  $y = \rho\sin\phi$

  $z = z$

$$\rho = \sqrt{x^2 + y^2}$$

$$\phi = \tan^{-1}\frac{y}{x}$$

$$z = z$$

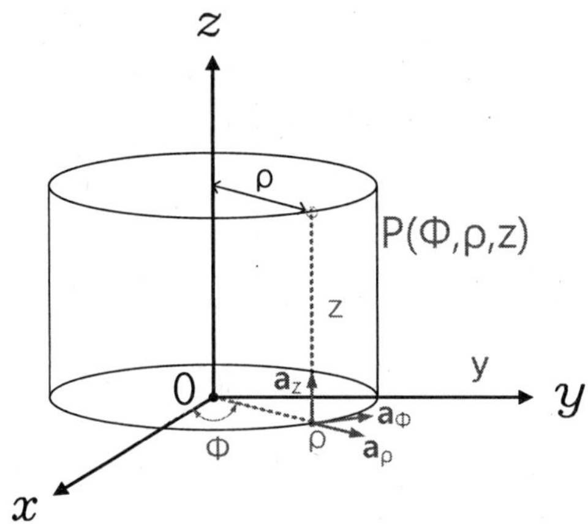

(a)

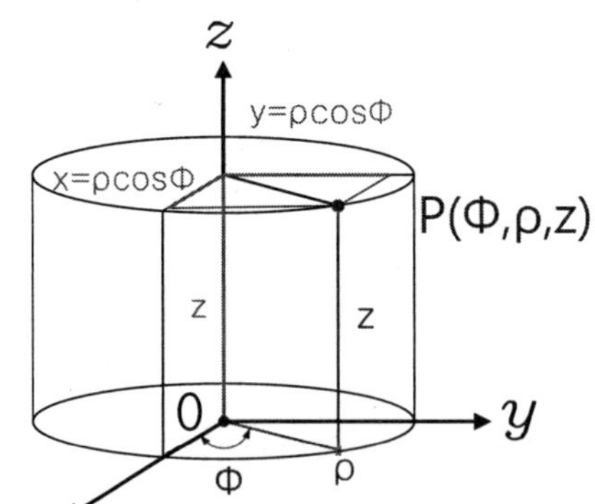

(b)

[그림 1-2] 원통좌표계

1-3-3 구 좌표계(Spherical Coordinate System)

- r, θ, ϕ의 세 축으로 구성된 좌표계
- r : 임의 점 P와 z축 사이 거리
- θ : 임의 점 P와 원점을 잇는 직선과 z축과의 사이 각
- ϕ : 임의 점 P의 직각좌표계 x, y평면 위에 투영된 직선과 x 축과의 사이 각
- 각의 방향은 반시계방향
- 단위벡터 : $\mathbf{a}_r$, $\mathbf{a}_\theta$, $\mathbf{a}_\phi$
- 벡터 곱(외적) : $\mathbf{a}_r \times \mathbf{a}_\theta = \mathbf{a}_\phi$

  $\mathbf{a}_\theta \times \mathbf{a}_\phi = \mathbf{a}_r$

  $\mathbf{a}_\phi \times \mathbf{a}_r = \mathbf{a}_\theta$
- 원통좌표계와 직각좌표계의 변환

  $x = r\sin\theta\cos\phi$

  $y = r\sin\theta\sin\phi$

  $z = r\cos\theta$

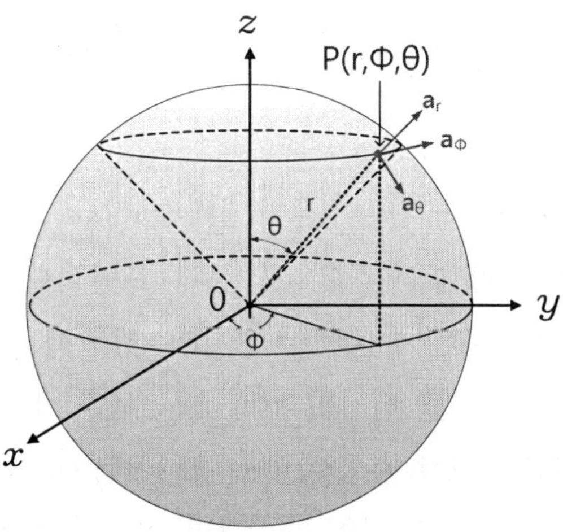

[그림 1-3] 구 좌표계

$$r = \sqrt{x^2 + y^2 + z^2}$$

$$\theta = \cos^{-1}\frac{z}{\sqrt{x^2 + y^2 + z^2}}$$

$$\phi = \tan^{-1}\frac{y}{x}$$

1-4 입체각

입체적인 공간의 범위를 정할 때 사용되는 입체각은 다음과 같이 정의된다.

[그림1-4](a)와 같이 원뿔의 정점을 중심으로 하는 반경 r[m] 인 구(球, sphere)를 그렸을 때 원뿔면과 구의 면이 만나는 면적을 S[m^2]라 하면 이때 이루어지는 **원뿔각**(ω)을 구면 *S*에 대한 **입체각**(solid angle)이라 하며 다음과 같이 정의된다.

$$\omega = \frac{S}{r^2}\,[\text{steradian}] \tag{1.1}$$

이때 단위는 $S = r^2$[m^2]인 경우 1입체 radian 즉, 1[sr]이 된다.

구의 전 공간일 때 입체각은 구 전체 표면적이 $S = 4\pi r^2$[m^2]이므로 $\omega = 4\pi$[sr]가 되고, 구의 반 공간의 입체각은 면적이 $S = 2\pi r^2$[m^2]이므로 이를 r^2으로 나누어주면 $\omega = 2\pi$[sr]가 된다.

[그림1-4](b)처럼 원점 O와 면 dS와의 거리를 r, dS면의 법선벡터 **n**과 벡터 **r**과의 사이 각을 θ라 하면 미소 면적 dS[m^2]가 원뿔의 정점 O에 대하여 짓는 입체각을 $d\omega$라 하면, 입체각 $d\omega$는 다음과 같다.

$$d\omega = \frac{dS'}{r^2} = \frac{dS\cos\theta}{r^2}\,[sr] \tag{1.2}$$

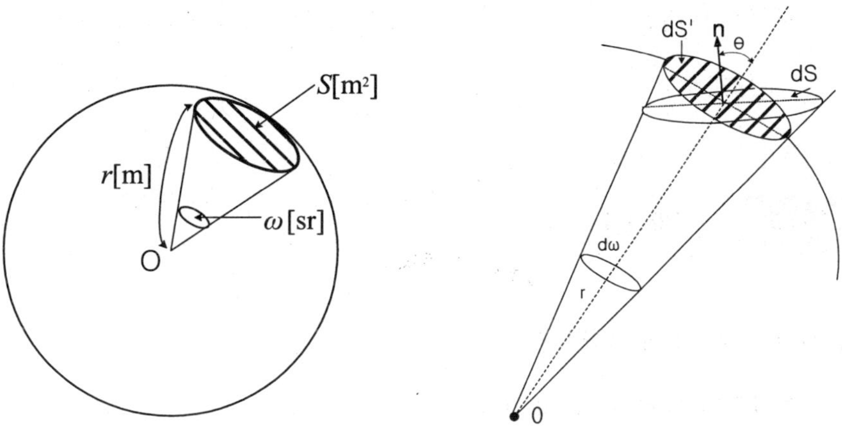

(a) (b)

[그림 1-4] 입체각

[예제 1-2]

다음 그림에서 점 P에서 본 입체각을 구하시오.

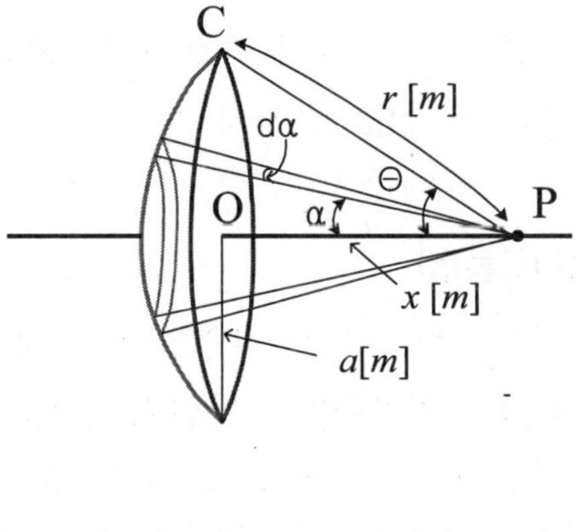

풀이 : 점 P와 원주 상 한 점 C를 연결하는 선과 축이 짓는 각을 θ[rad]

$\overline{CP}=r$을 반지름으로 하는 구면상에 원판을 투영한 면적을 S라 하면

$S=\int_0^\theta 2\pi(r\sin\alpha)r\,d\alpha=2\pi r^2(1-\cos\theta)\,[m^2]$가 되므로

입체각 ω[sr]은 $\omega=\frac{S}{r^2}=2\pi(1-\cos\theta)=2\pi\left(1-\frac{x}{\sqrt{x^2+a^2}}\right)$[sr]

1-5 벡 터

1-5-1 스칼라량과 벡터량

(1) 스칼라량(scalar quantity)

단순히 크기만을 가지고 그 성질을 나타낼 수 있는 물리량을 말하며 길이, 온도, 체적, 전하, 시간, 각도, 질량 등이 있다.

스칼라량은 A, B, C처럼 보통문자 나타낸다.

(2) 벡터량(vector quantity)

크기와 방향으로 그 양을 완전하게 나타낼 수 있는 물리량을 말하며 속도, 힘, 가속도, 전계, 전계의 세기 및 변위 등이 있다. 벡터량은 **A**, **B**, **C** 등과 같은 볼드체 문자로 나타내며, 벡터 **A**의 스칼라량, 즉 크기는 |**A**| 또는 이탤릭 문자 A로 나타낸다.

1-5-2 벡터의 표시(表示)

[그림 1-5]와 같이 벡터 **A**는 기준방향에 대하여 θ의 각을 갖는 화살표의 방향으로 벡터의 방향을 화살표 선분 길이로 벡터의 크기를 표시하며, 이때 점 O를 벡터 **A**의 시점, 점 P를 벡터 **A**의 종점이라 한다. [그림 1-5]의 벡터 **A**를 문자로 표시하면 크기는 A이고, 방향은 $\angle\theta$이며 다음과 같이 나타낸다.

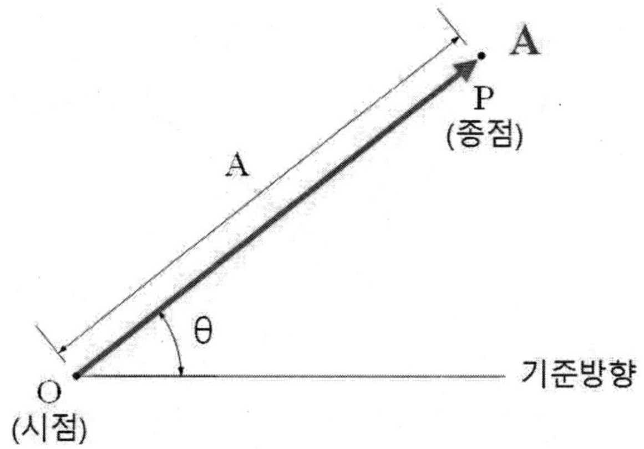

[그림 1-5] 벡터의 표시

$$\mathbf{A} = A\angle\theta = |\mathbf{A}|\angle\theta \tag{1.3}$$

1-5-3 단위벡터(unit vector)

크기가 1이며 방향만을 갖는 벡터를 단위벡터라 한다.

$$\mathbf{a} = 1\angle\theta \tag{1.4}$$

벡터 **A**와 단위벡터 **a**와의 관계는 벡터 **A**는 단위벡터 **a**의 A배가 되고, 방향은 같은 방향으로 되며 다음과 같이 쓸 수 있다.

$$\mathbf{A} = A\mathbf{a} \tag{1.5}$$

식 (1.4)로 부터 단위벡터 a는 다음과 같이 쓸 수 있다.

$$\mathbf{a} = \frac{\mathbf{A}}{A} = \frac{\mathbf{A}}{|\mathbf{A}|} \tag{1.6}$$

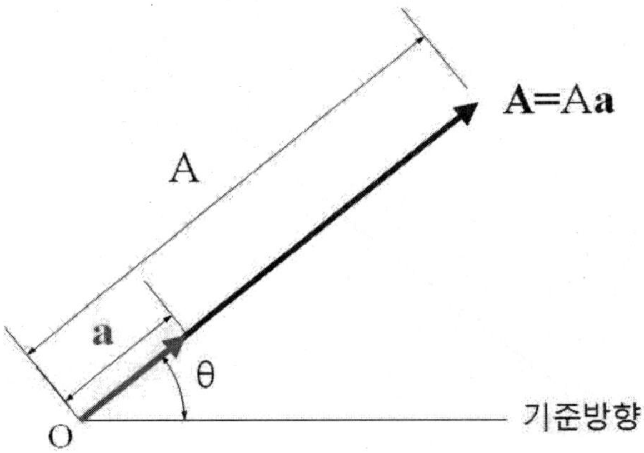

[그림 1-6] 벡터 A와 단위벡터 a의 관계

[예제 1-3]

벡터 A는 크기가 3, 방향은 X방향, 벡터 B는 크기가 4, 방향은 Y방향이면 벡터 C=A+B일 때 C방향의 단위벡터 a_c를 구하여라.

풀이 : A=3i, B=4j이므로

벡터 C와 크기 C는

C=A+B=3i+4j

$C=\sqrt{3^2+4^2}=5$ 이므로

벡터 C의 단위벡터 a_c는 다음과 같다.

$$\therefore\ a_c=\frac{C}{C}=\frac{3i+4j}{5}=0.6i+0.8j$$

1-5-4 법선벡터(normal vector) - 면 벡터

평면 S에 수직 방향으로 크기가 1인 벡터를 **법선벡터**라 정의한다. 법선벡터는 [그림 1-7]처럼 어떤 폐 곡면에 대하여 화살표 방향으로 회전할 때 오른나사의 진행 방향이 +(양) 방향이 되며, 다면체의 각 면에서 법선벡터는 내부에서 외부로 향하는 벡터를 사용한다.

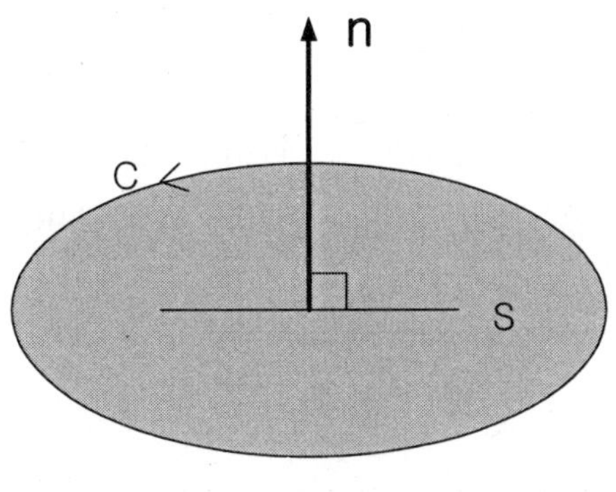

[그림 1-7] 법선벡터

1-5-5 기본벡터(fundamental vector)

직각좌표계에서 [그림 1-8]과 같이 크기가 1이고 x, y, z축의 +(양)의 방향을 갖는 단위벡터를 **i**, **j**, **k**로 정의하며, 이것을 **기본벡터**라 부른다. 또한, 벡터 **A**의 x, y, z축 정사영(正射影)이 각각 A_x, A_y, A_z이면, 벡터 **A**는

$$\mathbf{A} = A_x\mathbf{i} + A_y\mathbf{j} + A_z\mathbf{k} \tag{1.7}$$

와 같이 나타낼 수 있으며, 여기서 크기 A_x, A_y, A_z는 벡터 **A**의 x, y, z방향의 스칼라 성분(scalar components) 또는 방향성분(方向成分)이다.

벡터 **A**의 크기 A는 다음과 같다.

$$A = |\mathbf{A}| = \sqrt{A_x^2 + A_y^2 + A_z^2} \tag{1.8}$$

벡터 **A**와 x, y, z축과의 사이 각이 각각 α, β, γ 이라면 벡터 **A**의 스칼라 성분 A_x, A_y, A_z는 다음과 같이 표시된다.

$$A_x = A\cos\alpha,\ A_y = A\cos\beta,\ A_z = A\cos\gamma \qquad (1.9)$$

여기서 $\cos\alpha$, $\cos\beta$, $\cos\gamma$는 벡터 A의 **방향여현**(directional cosine)이며, 이들을 각각 l, m, n으로 표시하면

$$l = \cos\alpha = \frac{A_x}{A} = \frac{A_x}{\sqrt{A_x^2 + A_y^2 + A_z^2}}$$

$$m = \cos\beta = \frac{A_y}{A} = \frac{A_y}{\sqrt{A_x^2 + A_y^2 + A_z^2}}$$

$$n = \cos\gamma = \frac{A_z}{A} = \frac{A_z}{\sqrt{A_x^2 + A_y^2 + A_z^2}}$$

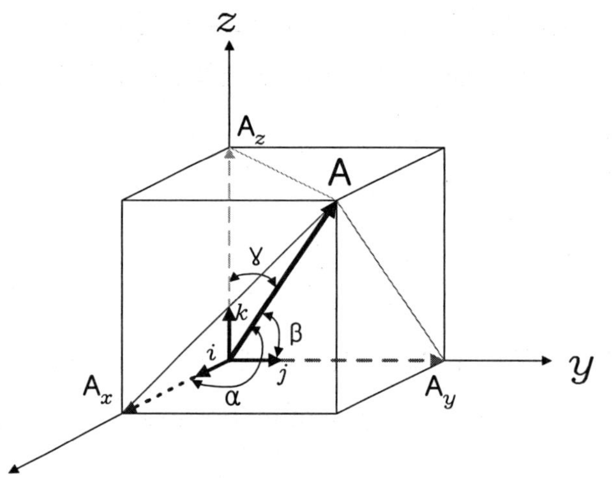

[그림 1-8] 기본벡터

과 같으며, 다음처럼 방향여현의 관계식이 성립함을 알 수 있다.

$$l^2 + m^2 + n^2 = \cos^2\alpha + \cos^2\beta + \cos^2\gamma = 1 \qquad (1.10)$$

[예제 1-4]

다음과 같은 경우 벡터 C와 크기, 단위벡터$\mathbf{a}_c$ 및 Y축 방향이 성분 C_y를 구하여라.

(1) $\mathbf{A}=8\mathbf{i}$, $\mathbf{B}=6\mathbf{j}$일 때 $\mathbf{C}=\mathbf{A}+\mathbf{B}$

(2) $\mathbf{A}=10\mathbf{i}+7\mathbf{j}$, $\mathbf{B}=6\mathbf{i}+4\mathbf{j}$일 때 $\mathbf{C}=\mathbf{A}-\mathbf{B}$

풀이 : (1) $\mathbf{C}=\mathbf{A}+\mathbf{B}=8\mathbf{i}+6\mathbf{j}$

$$C=\sqrt{8^2+6^2}=\sqrt{100}=10$$

$$\mathbf{a}_c=\frac{8\mathbf{i}+6\mathbf{j}}{10}=\frac{4}{5}\mathbf{i}+\frac{3}{5}\mathbf{j}$$

$$C_y=6$$

(2) $\mathbf{C}=\mathbf{A}-\mathbf{B}=(10-6)\mathbf{i}+(7-4)\mathbf{j}=4\mathbf{i}+3\mathbf{j}$

$$C=\sqrt{4^2+3^2}=\sqrt{25}=5$$

$$\boldsymbol{\alpha}_c=\frac{\mathbf{C}}{C}=\frac{4}{5}\mathbf{i}+\frac{3}{5}\mathbf{j}$$

$$C_y=3$$

1-5-6 벡터의 계산

(1) 벡터의 덧셈

벡더의 합성은 두 가지 기하학적 방법이 있다.

① 평행사변형법

벡터는 이동할 때 크기와 방향이 변하지 않으면 같다는 벡터의 동등성에 의하여 [그림 1-9](b)의 두 벡터 A, B를 평행이동하여 시점 O를 일치시킨 후 두 벡터 A와 B를 양변으로 하는 평행사변형을 그렸을 때 대각선이 두 벡터의 합성 벡터 C(=A+B)이다.

② 삼각형법

[그림 1-9](c)와 같이 A의 종점에 벡터 B의 시점 O를 놓은 후 벡터 A의 시점 벡터 B의 종점을 연결하였을 때 그려지는 삼각형의 빗변이 합성 벡터 C(=A+B)이다.

(2) 벡터의 뺄셈

벡터의 감법(減法)은 식 B−A=B+(−A)처럼 벡터 B에 벡터 −A를 더한 것과 같으며 [그림 1-10]에 그림으로 나타내었다.

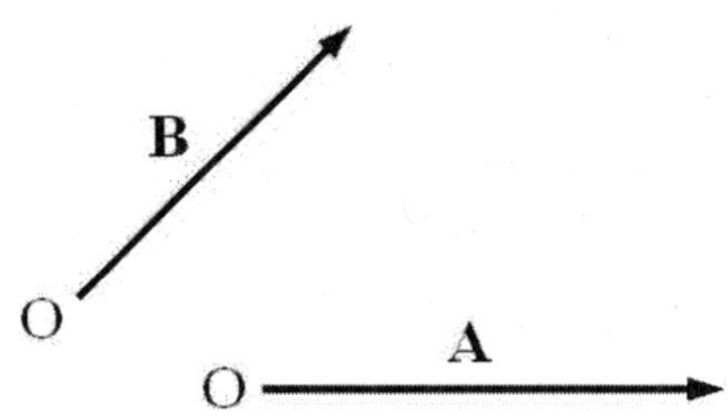

(a) 두 벡터

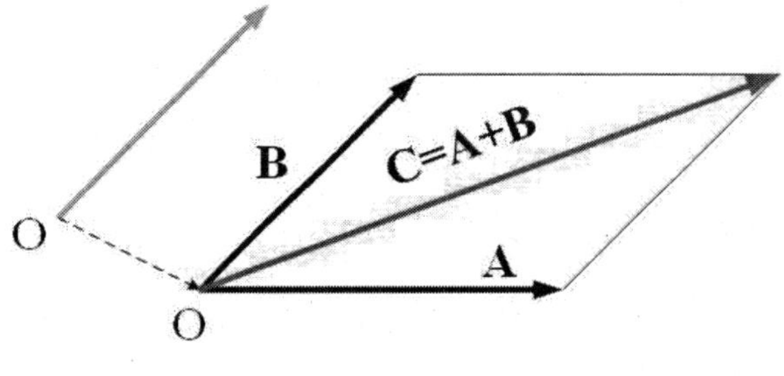

(b) 평행사변형 법

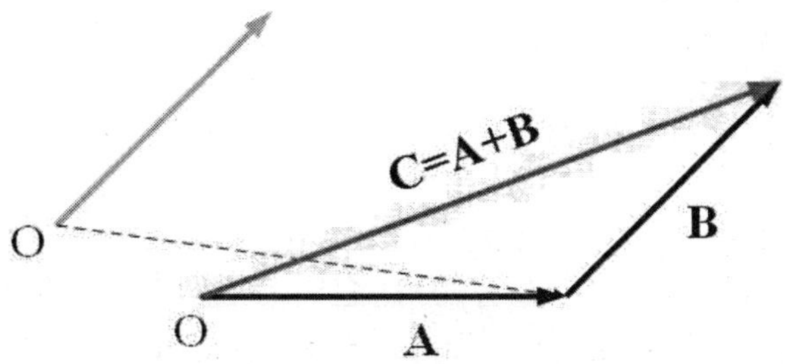

(c) 삼각형 법

[그림 1-9] 두 벡터의 합성

(3) 벡터의 교환법칙과 결합법칙

임의의 두 벡터 A, B의 합을 C라 할 때 식(1.19)의 교환법칙(commutative law)과 식(1.20)의 결합법칙(associative law)이 성립한다.

$$A+B=B+A \tag{1.11}$$

$$(A+B)+C=A+(B+C) \tag{1.12}$$

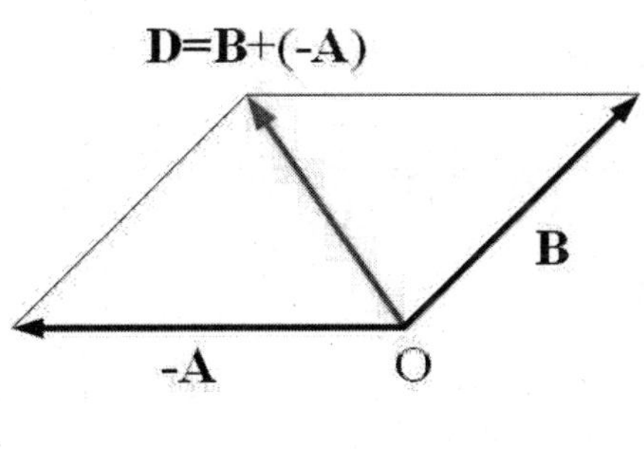

[그림 1-10] 두 벡터의 차

(4) 벡터의 대수법

벡터 A를 직각좌표계의 기본벡터로 표현하면 다음과 같다.

$$A = iA_x + jA_y + kA_z$$

$$B = iB_x + jB_y + kB_z$$

벡터 합 또는 차는 식 (1.11)과 같이 벡터의 각 축에 대한 기본벡터를 같은 항으로 하여 대수 합과 차를 구한다.

$$A \pm B = (A_x \pm B_y)\mathbf{i} + (A_y \pm B_y)\mathbf{j} + (A_z \pm B_z)\mathbf{k} \quad (1.13)$$

[예제 1-5]

$A = 2\mathbf{i} + 3\mathbf{j} - 4\mathbf{k}$, $B = \mathbf{i} - 2\mathbf{j} + 3\mathbf{k}$일 때 다음 문제의 C와 그 방향을 나타내는 α_c를 구하여라.

(1) C = A + B　　　　(2) C = A − B

풀이: (1) C = A + B

$$= (2+1)\mathbf{i} + (3-2)\mathbf{j} + (-4+3)\mathbf{k}$$

$$= 3\mathbf{i} + \mathbf{j} - \mathbf{k}$$

$$\alpha_c = \frac{C}{C} = \frac{3\mathbf{i} + \mathbf{j} - \mathbf{k}}{\sqrt{3^2 + 1^2 + (-1)^2}} = \frac{3\mathbf{i} + \mathbf{j} - \mathbf{k}}{\sqrt{11}}$$

(2) C = A − B

$$= (2-1)\mathbf{i} + \{3-(-2)\}\mathbf{j} + \{(-4)-3\}\mathbf{k}$$

$$= \mathbf{i} + 5\mathbf{j} - 7\mathbf{k}$$

$$\alpha_c = \frac{C}{C} = \frac{\mathbf{i} + 5\mathbf{j} - 7\mathbf{k}}{\sqrt{1^2 + 5^2 + (-7)^2}} = \frac{\mathbf{i} + 5\mathbf{j} - 7\mathbf{k}}{\sqrt{75}}$$

$$= \frac{\mathbf{i} + 5\mathbf{j} - 7\mathbf{k}}{5\sqrt{3}}$$

1-5-7 벡터의 곱

(1) 스칼라와 벡터의 곱(product)

임의의 벡터량 B에 스칼라량 a를 곱하면 벡터량 C가 되며 벡터량 C는 벡터 B의 a배 만큼 큰 벡터량이 된다. 식으로 표시하면 다음과 같다.

$$C = aB \tag{1.14}$$

(2) 두 벡터량의 곱

1) 스칼라 곱(scalar product)

스칼라 곱은 [그림 1-11]과 같이 두 벡터 A, B의 사이 각이 θ일 때 벡터 B의 벡터 A방향 성분인 B$\cos\theta$와 벡터 A의 곱이나 벡터 B방향 성분인 A$\cos\theta$와 벡터 B의 곱으로 정의되며, 내적(inner product 또는 dot product)이라 한다. 표기 방법은 식(1.15)와 같다.

$$A \cdot B = (AB) = AB\cos\theta \tag{1.15}$$

두 벡터의 스칼라 곱은 두 벡터의 사이 각 $\theta(0 \leq \theta \leq \pi)$에 따라 달라진다.

$$\theta = 0° \ : \ A \cdot B = AB\cos 0° = AB$$

$$\theta = 90° \ : \ A \cdot B = AB\cos 90° = 0$$

$$\theta = 180° : \ A \cdot B = AB\cos 180° = -AB$$

또한, 스칼라 곱에서는 교환법칙이 성립된다.

$$A \cdot B = B \cdot A \tag{1.16}$$

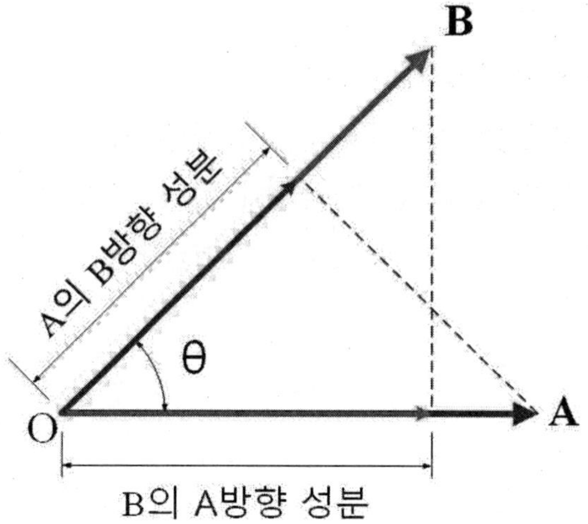

[그림 1-11] 벡터의 방향성분

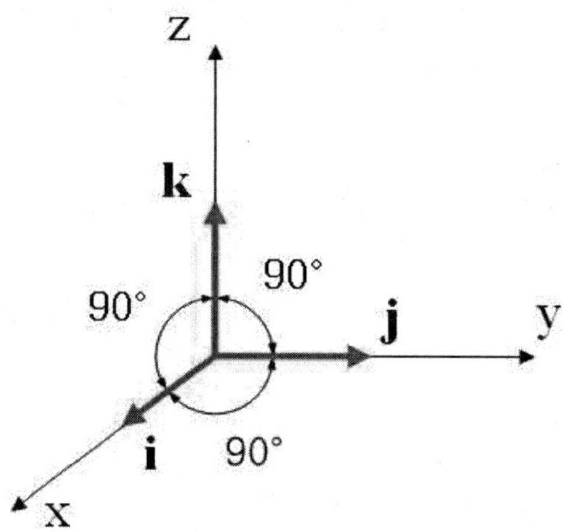

[그림 1-12] 단위벡터

$$\mathbf{i}\cdot\mathbf{i}=\mathbf{j}\cdot\mathbf{j}=\mathbf{k}\cdot\mathbf{k}=1\times1\times\cos0°=1$$

$$\mathbf{i}\cdot\mathbf{j}=\mathbf{j}\cdot\mathbf{k}=\mathbf{k}\cdot\mathbf{i}=1\times1\times\cos90°=0$$

두 벡터 A · B의 스칼라 곱은 다음과 같다.

$$\mathbf{A} = A_x\mathbf{i} + A_y\mathbf{j} + A_z\mathbf{k}$$

$$\mathbf{B} = B_x\mathbf{i} + B_y\mathbf{j} + B_z\mathbf{k}$$

$$\mathbf{A}\cdot\mathbf{B} = (A_x\mathbf{i} + A_y\mathbf{j} + A_z\mathbf{k})\cdot(B_x\mathbf{i} + \mathbf{j}B_y + B_z\mathbf{k}) \tag{1.17}$$

$$= A_xB_x + A_yB_y + A_zB_z$$

[예제 1-6]

$\mathbf{A} = \mathbf{i} + 4\mathbf{j} + 3\mathbf{k}$, $\mathbf{B} = 4\mathbf{i} + 2\mathbf{j} - 4\mathbf{k}$일 때 스칼라곱 A · B를 계산하라, 그리고 이때 두 벡터의 사이 각은 얼마인가?

풀이 :
$$\begin{aligned}\mathbf{A}\cdot\mathbf{B} &= (\mathbf{i} + 4\mathbf{j} + 3\mathbf{k})\cdot(4\mathbf{i} + 2\mathbf{j} - 4\mathbf{k})\\ &= (1\times4)\mathbf{i}\cdot\mathbf{i} + (1\times2)\mathbf{i}\cdot\mathbf{j} + (1\times(-4))\mathbf{i}\cdot\mathbf{k}\\ &+ (4\times4)\mathbf{j}\cdot\mathbf{i} + (4\times2)\mathbf{j}\cdot\mathbf{j} + (4\times(-4))\mathbf{j}\cdot\mathbf{k}\\ &+ (3\times4)\mathbf{k}\cdot\mathbf{i} + (3\times2)\mathbf{k}\cdot\mathbf{j} + (3\times(-4))\mathbf{k}\cdot\mathbf{k}\\ &= 4 + 8 - 12\\ &= 0\end{aligned}$$

$\mathbf{A}\cdot\mathbf{B} = AB\cos\theta = 0$으로 부터

$A \neq 0$, $B \neq 0$ 이므로 $\cos\theta = 0$로 $\theta = 90°$이다.

따라서 두 벡터량 A, B는 서로 수직이다.

[예제 1-7]

질량 m[kg]인 물체가 점 P(1, 2, 3)[m]에서 Q(3, 2, 1)[m]로 힘 $\mathbf{F} = -\mathbf{i} + 4\mathbf{j} + 2\mathbf{k}$[N]에 의하여 이동되었을 때 일은 몇 [J]인가?

풀이 : 일(W[J]) = 힘(F[N]) × 거리d[m] 이므로

$$W = \mathbf{F} \cdot \mathbf{d} = \mathbf{F} \cdot \overrightarrow{PQ}$$

$$= (-\mathbf{i} + 4\mathbf{j} + 2\mathbf{k}) \cdot \{(3\mathbf{i} + 2\mathbf{j} + \mathbf{k}) - (\mathbf{i} + 2\mathbf{j} + 3\mathbf{k})\}$$

$$= (-\mathbf{i} + 4\mathbf{j} + 2\mathbf{k}) \cdot (2\mathbf{i} - 2\mathbf{k})$$

$$= -2 - 2$$

$$= -4[J]$$

2) 벡터 곱

두 벡터의 외적(vector product) 표기 방법은 다음과 같다.

$$C = A \times B \qquad (1.18)$$

벡터의 외적은 오른나사 회전 방향으로 곱하며 결과는 오른나사 진행 방향의 벡터 C가 된다.

또한, 벡터 C의 크기는 다음 식과 같이 정의된다.

$$C = |\mathbf{A} \times \mathbf{B}| = A \cdot B \sin\theta \qquad (1.19)$$

[그림 1-13]은 벡터의 외적을 도시적으로 나타낸 것으로 벡터의 외적의 크기는 A와 B사이에 이룬 평행사변형의 면적과 같다. 또 벡터 C의 방향은 평행사변형의 면에 수직 방향으로 나타낸다. 이러한 벡터 곱을 외적(外積 ; vector product)이라 하며, 벡터 곱의 특성은 다음과 같다.

① A벡터와 B벡터가 같은 방향($\theta = 0°$)

$$C = |\mathbf{A} \times \mathbf{B}| = A \cdot B \sin 0° = 0$$

② A벡터와 B벡터가 서로 수직($\theta = 90°$)

$C = |A \times B| = A \cdot B \sin 90° = AB$

③ A벡터와 B벡터가 서로 반대 방향($\theta = 180°$)

$C = |A \times B| = A \cdot B \sin 180° = 0$

④ 두 벡터의 곱은 교환법칙이 성립하지 않는다.

$$A \times B \neq B \times A = -(A \times B) \quad (1.20)$$

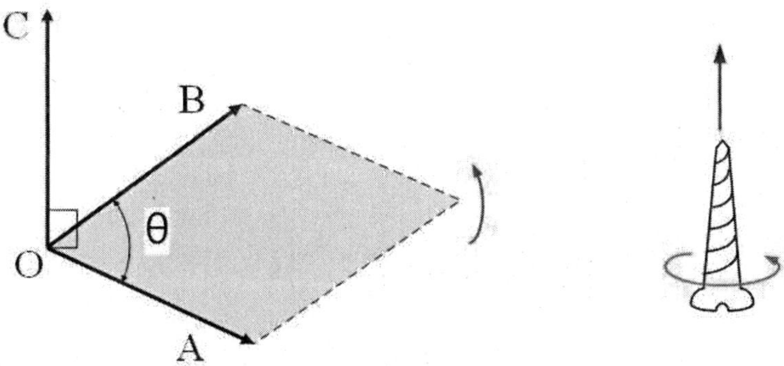

[그림 1-13] 벡터의 외적

⑤ 직각좌표계의 기본벡터 i, j, k의 벡터 곱

$i \times i = j \times j = k \times k = 0$

$i \times j = -j \times i = k$

$j \times k = -k \times j = i$

$k \times i = -i \times k = j$

위 식으로부터 두 벡터 A, B의 벡터 곱은 다음과 같다.

$$\begin{aligned}\mathrm{A}\times\mathrm{B} &= (\mathrm{A_x}\mathbf{i}+\mathrm{A_y}\mathbf{j}+\mathrm{A_z}\mathbf{k})\times(\mathrm{B_x}\mathbf{i}+\mathrm{B_y}\mathbf{j}+\mathrm{B_z}\mathbf{k})\\ &= \mathrm{A_xB_x}\mathbf{i}\times\mathbf{i}+\mathrm{A_xB_y}\mathbf{i}\times\mathbf{j}+\mathrm{A_xB_z}\mathbf{i}\times\mathbf{k}\\ &+\mathrm{A_yB_x}\mathbf{j}\times\mathbf{i}+\mathrm{A_yB_y}\mathbf{j}\times\mathbf{j}+\mathrm{A_yB_z}\mathbf{j}\times\mathbf{k}\\ &+\mathrm{A_zB_x}\mathbf{k}\times\mathbf{i}+\mathrm{A_zB_y}\mathbf{k}\times\mathbf{j}+\mathrm{A_zB_z}\mathbf{k}\times\mathbf{k}\\ &= (\mathrm{A_yB_z}-\mathrm{A_zB_y})\mathbf{i}+(\mathrm{A_zB_x}-\mathrm{A_xB_z})\mathbf{j}+(\mathrm{A_xB_y}-\mathrm{A_yB_x})\mathbf{k}\end{aligned}$$

로 되며 행렬식을 이용하면 간단히 전개할 수 있다.

$$\mathrm{A}\times\mathrm{B} = \begin{vmatrix}\mathbf{i} & \mathbf{j} & \mathbf{k}\\ \mathrm{A_x} & \mathrm{A_y} & \mathrm{A_z}\\ \mathrm{B_x} & \mathrm{B_y} & \mathrm{B_z}\end{vmatrix} \tag{1.21}$$

$$= \begin{vmatrix}\mathrm{A_y} & \mathrm{A_z}\\ \mathrm{B_y} & \mathrm{B_z}\end{vmatrix}\mathbf{i}-\begin{vmatrix}\mathrm{A_x} & \mathrm{A_z}\\ \mathrm{B_x} & \mathrm{B_z}\end{vmatrix}\mathbf{j}+\begin{vmatrix}\mathrm{A_x} & \mathrm{A_y}\\ \mathrm{B_x} & \mathrm{B_y}\end{vmatrix}\mathbf{k}$$

$$= (\mathrm{A_yB_z}-\mathrm{A_zB_y})\mathbf{i}+(\mathrm{A_zB_x}-\mathrm{A_xB_z})\mathbf{j}+(\mathrm{A_xB_y}-\mathrm{A_yB_x})\mathbf{k}$$

[예제 1-8]

$\mathrm{A}=\mathbf{i}+2\mathbf{j}+3\mathbf{k}$, $\mathrm{B}=2\mathbf{i}+3\mathbf{j}+4\mathbf{k}$일 때 벡터 곱 A×B 및 A와 B의 사이 각을 구하시오.

풀이 : $\mathrm{A}\times\mathrm{B} = \begin{vmatrix}\mathrm{i} & \mathrm{j} & \mathrm{k}\\ 1 & 2 & 3\\ 2 & 3 & 4\end{vmatrix} = \begin{vmatrix}2 & 3\\ 3 & 4\end{vmatrix}\mathrm{i}-\begin{vmatrix}1 & 3\\ 2 & 4\end{vmatrix}\mathrm{j}+\begin{vmatrix}1 & 2\\ 2 & 3\end{vmatrix}\mathrm{k}=-\mathrm{i}+2\mathrm{j}-\mathrm{k}$

$|\mathrm{A}\times\mathrm{B}|=\mathrm{AB}\sin\theta$로 부터

$\sin\theta=\dfrac{|\mathrm{A}\times\mathrm{B}|}{\mathrm{AB}}$이므로

$$\sin\theta = \frac{\sqrt{(-1)^2+2^2+(-1)^2}}{\sqrt{(1^2+2^2+3^2)\cdot \quad \sqrt{(2^2+3^2+4^2)}}} = \frac{\sqrt{6}}{\sqrt{14}\sqrt{29}}$$

$$\therefore \ \theta = \sin^{-1}\frac{\sqrt{6}}{\sqrt{14}\sqrt{29}} \fallingdotseq 6.98^{\circ}$$

3) 세 벡터 곱

① A(B · C)은 스칼라량인 B · C에 벡터 A배 한 것으로 결과는 벡터량이다.

② A · (B×C)의 벡터량인 B×C의 결과에 벡터 A를 스칼라 곱한 것이므로 결과는 스칼라량이 된다.

$$\mathrm{B}\times\mathrm{C} = (\mathrm{B_yC_z}-\mathrm{B_zC_y})\mathbf{i} + (\mathrm{B_zC_x}-\mathrm{B_xC_z})\mathbf{j} + (\mathrm{B_xC_y}-\mathrm{B_yC_x})\mathbf{k}$$

$$\begin{aligned}\mathrm{A}\cdot(\mathrm{B}\times\mathrm{C}) &= (\mathrm{A_x}\mathbf{i}+\mathrm{A_y}\mathbf{j}+\mathrm{A_z}\mathbf{k})\cdot \\ &\quad \{(\mathrm{B_yC_z}-\mathrm{B_zC_y})\mathbf{i} + (\mathrm{B_zC_x}-\mathrm{B_xC_z})\mathbf{j} + (\mathrm{B_xC_y}-\mathrm{B_yC_x})\mathbf{k}\} \\ &= \mathrm{A_x}(\mathrm{B_yC_z}-\mathrm{B_zC_y}) + \mathrm{A_y}(\mathrm{B_zC_x}-\mathrm{B_xC_z}) + \mathrm{A_z}(\mathrm{B_xC_y}-\mathrm{B_yC_x})\end{aligned}$$

또한, 윗 식은 행렬식으로 간단히 표시될 수 있다.

$$\mathrm{A}\cdot(\mathrm{B}\times\mathrm{C}) = \begin{vmatrix} \mathrm{A_x} & \mathrm{A_y} & \mathrm{A_z} \\ \mathrm{B_x} & \mathrm{B_y} & \mathrm{B_z} \\ \mathrm{C_x} & \mathrm{C_y} & \mathrm{C_z} \end{vmatrix} \tag{1.22}$$

A · (B×C)의 크기는 A, B, C를 세 변으로 하는 평행육면체의 체적이 된다.

1-6 벡터의 미분연산

직각좌표계 x, y, z축 방향으로의 변화율을 구하는 벡터 미분 연산자는 **해밀턴의 연산자** 또는 **나블라**(nabla)라 부르며, 기호 ∇로 표시된다.

$$\nabla = \frac{\partial}{\partial x}\mathbf{i} + \frac{\partial}{\partial y}\mathbf{j} + \frac{\partial}{\partial z}\mathbf{k} \qquad (1.23)$$

1-6-1 기울기(gradient)

공간영역 내의 한 점에서 스칼라 함수인 전위 V(x, y, z)의 x, y, z 방향으로 거리에 대한 변화율, 즉 기울기는 **∇**V가 되며, 다음 식이 된다.

$$\nabla V = \text{grad}V = \left(\frac{\partial}{\partial x}\mathbf{i} + \frac{\partial}{\partial y}\mathbf{j} + \frac{\partial}{\partial z}\mathbf{k}\right)V$$

$$= \frac{\partial V}{\partial x}\mathbf{i} + \frac{\partial V}{\partial y}\mathbf{j} + \frac{\partial V}{\partial z}\mathbf{k} \qquad (1.24)$$

[예제 1-9]

스칼라량이 $V = x^2y^2z^2$[V]일 때, 점 P(3, 4, 5)에서 x, y, z방향의 기울기를 구하라.

풀이 : 식 (1.39)로부터

$$\nabla V == \left(\frac{\partial}{\partial x}\mathbf{i} + \frac{\partial}{\partial y}\mathbf{j} + \frac{\partial}{\partial z}\mathbf{k}\right)V = \frac{\partial V}{\partial x}\mathbf{i} + \frac{\partial V}{\partial y}\mathbf{j} + \frac{\partial V}{\partial z}\mathbf{k}$$

$$= (2xy^2z^2)\mathbf{i} + (2yx^2z^2)\mathbf{j} + (2zx^2y^2)\mathbf{k}$$

$$= 16\mathbf{i} + 16\mathbf{j} + 32\mathbf{k}$$

1-6-2 벡터의 발산

해밀턴 연산자 ∇(nabla)와 임의의 벡터인 전계 $\mathbf{E} = E_x\mathbf{i} + E_y\mathbf{j} + E_z\mathbf{k}$ 와의 스칼라곱은

$$\nabla \cdot \mathbf{E} = \left(\frac{\partial}{\partial x}\mathbf{i} + \frac{\partial}{\partial y}\mathbf{j} + \frac{\partial}{\partial z}\mathbf{k}\right) \cdot (E_x\mathbf{i} + E_y\mathbf{j} + E_z\mathbf{k})$$

$$= \frac{\partial E_x}{\partial x} + \frac{\partial E_y}{\partial y} + \frac{\partial E_z}{\partial z} \tag{1.25}$$

로 스칼라량이 되며, 벡터 E이 이 방향으로 단위 체적에서 발산하는 전기력선이 된다.

식 (1.25)는 벡터량인 전계 E의 **발산**(divergence)라 부르며, 따라서 다음식과 같이 표시된다.

$$\nabla \cdot \mathbf{E} = \mathrm{div}\mathbf{E} \tag{1.26}$$

벡터량인 전계 E의 공간에서 임의의 폐곡면 S를 통하여 발산하는 전기력선의 총수는

$$\int\int_S \mathbf{E} \cdot \mathbf{n} dS = \int\int\int_V \mathrm{div}\mathbf{E} dv \tag{1.27}$$

와 같다. 여기서, **n**은 폐 곡면상의 외향 법선벡터이다.

이 식은 임의의 폐 곡면 내의 단위 체적당 발산하는 전계의 체적에 대한 총합은 체적의 전 표면을 통하여 유출하는 전기력선 수와 같다는 것을 의미하며 이 관계를 **발산정리**(發散定理 : divergence theorem)라 부른다.

[예제 1-10]

벡터 $A = x^2\mathbf{i} + 2xy^2\mathbf{j} + yz\mathbf{k}$의 divA를 구하라.

풀이 : $\text{divA} = \nabla \cdot A = \left(\frac{\partial}{\partial x}\mathbf{i} + \frac{\partial}{\partial y}\mathbf{j} + \frac{\partial}{\partial z}\mathbf{k}\right) \cdot (x^2\mathbf{i} + 2xy^2\mathbf{j} + yz\mathbf{k})$

$$= \frac{\partial}{\partial x}(x^2) + \frac{\partial}{\partial y}(2xy^2) + \frac{\partial}{\partial z}(yz)$$

$$= 4x + 4xy + y$$

[예제 1-11]

벡터 $A = x\mathbf{i} - y^2\mathbf{j} + 3zx\mathbf{k}$ 일 때, 한 점 P(2, 2, 2)에서 벡터 A의 발산을 구하여라.

풀이 : $\text{divA} = \nabla \cdot A = \left(\frac{\partial}{\partial} x\mathbf{i} + \frac{\partial}{\partial y}\mathbf{j} + \frac{\partial}{\partial} z\mathbf{k}\right) \cdot (x\mathbf{i} - y^2\mathbf{j} + 3zx\mathbf{k})$

$$= \frac{\partial}{\partial x}(x) + \frac{\partial}{\partial y}(-y^2) + \frac{\partial}{\partial z}(3zx)$$

$$= 1 - 2y + 3x$$

$$\therefore \text{divA}_{(2,2,2)} = 3$$

1-6-3 벡터의 회전

자계 $H = H_x\mathbf{i} + H_y\mathbf{j} + H_z\mathbf{k}$가 작용하는 공간에서 벡터 미분 연산자 ∇(nabla)와 벡터인 자계 H와의 벡터곱은

$$\nabla \times H = \left(\frac{\partial}{\partial x}\mathbf{i} + \frac{\partial}{\partial y}\mathbf{j} + \frac{\partial}{\partial z}\mathbf{k}\right) \times (H_x\mathbf{i} + H_y\mathbf{j} + H_z\mathbf{k})$$

$$= \mathbf{i}\left(\frac{\partial H_z}{\partial y} - \frac{\partial H_y}{\partial z}\right)\mathbf{i} + \left(\frac{\partial H_x}{\partial z} - \frac{\partial H_z}{\partial x}\right)\mathbf{j} + \left(\frac{\partial H_y}{\partial x} - \frac{\partial H_x}{\partial y}\right)\mathbf{k}$$

$$= \begin{vmatrix} i & j & k \\ \dfrac{\partial}{\partial x} & \dfrac{\partial}{\partial y} & \dfrac{\partial}{\partial z} \\ H_x & H_y & H_z \end{vmatrix} \tag{1.28}$$

와 같다. 이것은 H방향으로 그려진 자기력선이 전류주위를 Ampere의 오른손 법칙에 따라 회전하고 있다는 물리적인 의미를 가지며, 따라서 벡터 H의 회전이라 부르며, 다음과 같이 표시된다.

$$\nabla \times H = \mathrm{rot}H = \mathrm{curl}H \tag{1.29}$$

[예제 1-12]

$A = x\mathbf{i} + y\mathbf{j} + z\mathbf{k}$, $f = xyz$일 때 점 (1, 2, 3)에서 rot(fA)를 구하라.

풀이 : $\mathrm{rot}(fA) = \nabla \times (x^2yz\mathbf{i} + xy^2z\mathbf{j} + xyz^2\mathbf{k})$

$$= \left(\frac{\partial}{\partial x}\mathbf{i} + \frac{\partial}{\partial y}\mathbf{j} + \frac{\partial}{\partial z}\mathbf{k}\right) \times (x^2yz\mathbf{i} + xy^2z\mathbf{j} + xyz^2\mathbf{k})$$

$$= \begin{vmatrix} \mathbf{i} & \mathbf{j} & \mathbf{k} \\ \dfrac{\partial}{\partial x} & \dfrac{\partial}{\partial y} & \dfrac{\partial}{\partial z} \\ x^2yz & xy^2z & xyz^2 \end{vmatrix}$$

$$= \mathbf{i}\left[\frac{\partial}{\partial y}(xyz^2) - \frac{\partial}{\partial z}(xy^2z)\right] - \mathbf{j}\left[\frac{\partial}{\partial x}(xyz^2) - \frac{\partial}{\partial z}(x^2yz)\right] + \boldsymbol{k}\left[\frac{\partial}{\partial x}(xy^2z) - \frac{\partial}{\partial y}(x^2yz)\right]$$

$$= \boldsymbol{i}(xz^2 - xy^2) - \boldsymbol{j}(yz^2 - x^2y) + \boldsymbol{k}(y^2z - x^2z)$$

$$\mathrm{rot}(f\mathbf{A})\,|_{x=1,y=2,z=3} = \mathbf{i}(9-4)-\mathbf{j}(18-2)+\mathbf{k}(12-3)$$
$$=5\mathbf{i}-16\mathbf{j}+9\mathbf{k}$$

[예제 1-13]

공간의 한 점 P(2, 2, 1)에서 벡터 $\mathbf{A}=2x\mathbf{i}+2xy\mathbf{j}-yz^2\mathbf{k}$의 rotA 를 구하라.

풀이 : $\mathrm{rot}\mathbf{A}=\nabla\times\mathbf{A}$

$$=\begin{bmatrix} \mathbf{i} & \mathbf{j} & \mathbf{k} \\ \dfrac{\partial}{\partial x} & \dfrac{\partial}{\partial y} & \dfrac{\partial}{\partial z} \\ 2x & 2xy & -yz^2 \end{bmatrix}$$

$$=\boldsymbol{i}\begin{vmatrix} \dfrac{\partial}{\partial y} & \dfrac{\partial}{\partial z} \\ 2xy & -yz^2 \end{vmatrix}-\boldsymbol{j}\begin{vmatrix} \dfrac{\partial}{\partial x} & \dfrac{\partial}{\partial z} \\ 2x & -yz^2 \end{vmatrix}+\boldsymbol{k}\begin{vmatrix} \dfrac{\partial}{\partial x} & \dfrac{\partial}{\partial y} \\ 2x & 2xy \end{vmatrix}$$

$$=\mathbf{i}\left\{\frac{\partial}{\partial y}(-yz^2)-\frac{\partial}{\partial z}(2xy)\right\}-\mathbf{j}\left\{\frac{\partial}{\partial x}(-yz^2)-\frac{\partial}{\partial z}(2x)\right\}$$

$$+\mathbf{k}\left\{\frac{\partial}{\partial x}(2xy)-\frac{2}{2y}(2x)\right\}$$

$$=(-z^2-0)\mathbf{i}-(0-0)\mathbf{j}+(2y-0)\mathbf{k}$$

$$\therefore\ \mathrm{rot}\mathbf{A}_{(3,2,1)}=(-1^2)\mathbf{i}+(2\times2)\mathbf{k}=-\mathbf{i}+4\mathbf{k}$$

제 2 장

정전계

2-1 정전유도

BC 600년경 희랍의 철학자 탈레스는 우연히 모피로 문지른 호박에서 가벼운 물체를 끌어당기는 현상을 관찰하였다. 그 후, AD1600년대에 이르러 모든 물질은 마찰 때문에 다소간에 이러한 성질을 가진다는 것과 이 현상은 물체에 **전기**(electricity)가 발생 된 결과라는 것을 알게 되었다. 이처럼 물체가 전기를 띠게 되는 현상을 **대전**(electrification), 마찰로 발생하는 전기를 **마찰전기**(tribo electricity)라 한다. 그리고 물체가 띠는 **전기량**을 **전하**(electric charge)라 한다.

전하 상호 간에 발생하는 흡인력과 반발력의 두 상반되는 현상으로부터, 전하에는 정(+, positive), 부(-, negative)의 두 종류의 전하가 있으며 같은 종류의 전하 사이에는 반발력, 그리고 다른 종류의 전하 사이에는 흡인력이 작용한다는 결론에 이르렀다. 따라서 마찰로 발생하는 전기가 정전하(+) 또는 부전하(-) 인지는 마찰하는 물질의 종류에 따라 다르다. 다음에 열거하는 물체 중에서 임의의 2종을 마찰하면 상대적으로 왼쪽에 있는 물질은 정(+), 오른쪽에 있는 물질은 음(-)으로 대전 된다.

(+)모피, 유리, 운모, 견포, 면포, 목재, 호박, 수지, 에보나이트, 셀룰로이드, 고무(-) 등의 물질 배열을 **마찰전기계열**(tribo electric series)이라 부르며 계열의 순서는 일반적으로 온도나 습도 등에 의해서 영향을 받아 변하기도 한다.

전하로 존재할 수 있는 최소의 전기량은 전자나 양자 1개가 가지고 있는 전기량이다. 그러나 전하의 단위로는 MKS단위계의 쿨롱(Coulomb : [C])을 쓴다. 즉, 전자 1개의 전하와 질량은 각각 $e = -1.602 \times 10^{-19}$[C]과 $m_e = 9.109 \times 10^{-31}$[kg]이며, 양자의 1개의 전하와 질량은 $e = +1.602 \times 10^{-19}$[C]과 $m_p = 1.6725 \times 10^{-27}$[kg]이 된다.

또한 1[C]의 전하는 6.25×10^{18}[C]개의 전자가 갖는 전하량이 된다.

[그림 2-1]과 같이 전기적으로 중성인 금속과 같은 도체를 정(+)으로 대전 된 물체에 가까이하면, 금속 내의 자유전자는 대전체의 정(+)전하에 끌려서 대전체 가까운 곳에 부(-) 전하, 먼 곳에서 정(+)전하가 발생하게 된다. 이처럼 대전체의 접근으로 물체 내의 전하분포가 변화하여 물체표면에 (+), (-) 전하가 나타나는 현상을 **정전유도**라 한다.

정전유도 때문에 도체의 양단에 발생한 (+), (-)의 전하는 대전체를 도체에서 멀리하게 되면 도체에 유도된 (+), (-)의 전하는 중화되어 중성 상태가 되는데, 이는 정전유도 때문에 발생한 (+), (-)의 전하가 같은 양이기 때문이다.

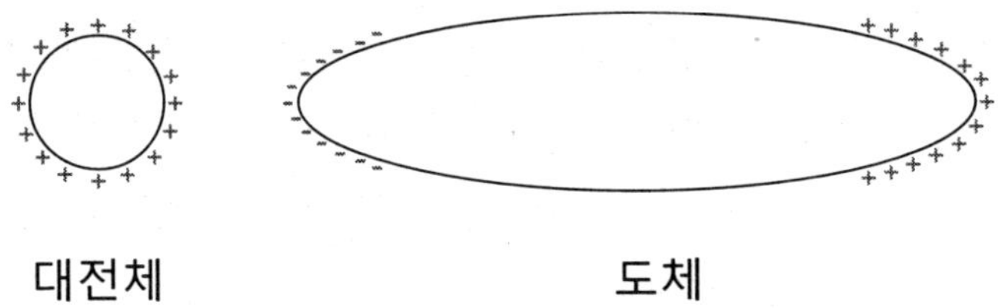

[그림 2-1] 정전유도

2-2 쿨롱의 법칙

1785년 쿨롱(프랑스)은 정밀한 비틀림 저울을 이용하여 2개의 대전체 사이에 작용하는 정전기력을 정량적으로 구하는 쿨롱의 법칙(Coulomb's law)을 발견하였다. 그 결론은 다음과 같다.

첫째, 같은 종류의 전하 사이에는 반발력이, 다른 종류의 전하 사이에는 흡인력이 작용한다.

둘째, 두 대전체 사이에 작용하는 힘은 각각의 대전체가 갖는 전하의 곱에 비례한다.

셋째, 두 대전체 사이에 작용하는 힘의 크기는 대전체 사이의 거리 제곱에 반비례한다.

넷째, 두 대전체 사이에 작용하는 힘의 방향은 두 대전체를 연결한 직선의 방향이다.

이들은 다음 관계식으로 표현된다.

$$F \propto \frac{Q_1 Q_2}{r^2} [N]$$

여기서, F는 대전체 사이의 힘[N], Q_1, Q_2는 두 대전체의 전하량[C], r은 대전체 사이의 거리[m]이다.

위 식을 비례상수 k를 사용하여 표시하면 다음과 같으며 **쿨롱의 법칙**(Coulomb's law)이라 한다.

$$F = k\frac{Q_1 Q_2}{r^2} [N] \qquad (2.1)$$

여기서 비례상수 k는 전하 Q, 거리 r, 힘 F에 대하여 사용되는 단위와 대전체 사이에 존재하는 매질로써 결정된다.

1[C]은 진공(vacuum)중에 같은 양의 두 점전하를 1[m] 거리에 놓았을 때 작용하는 힘이 9×10^9[N]이 되는 전하량이다.

$Q_1 = Q_2 = 1[C]$, $r = 1[m]$일 때

$9 \times 10^9 = k\frac{1 \times 1}{1^2}$이므로 $k = 9 \times 10^9$이 된다.

따라서 Coulomb의 법칙(MKS단위계)은

$$F = 9 \times 10^9 \frac{Q_1 Q_2}{r^2} [N] \tag{2.2}$$

이 된다.
비례상수 k는

$$k = 9 \times 10^9 = \frac{1}{4\pi\epsilon_0} \tag{2.3}$$

이 되며, 여기서 ϵ_0는 **진공의 유전율**(dielectric constant of free space)라 한다. 진공 중의 빛의 속도를 $C_0(\fallingdotseq 3 \times 10^8 [m/sec])$라 하면 ϵ_0는 다음과 같이 된다.

$$\epsilon_0 = \frac{10^7}{4\pi C_0} = \frac{1}{36\pi \times 10^9} = 8.855 \times 10^{-12} [F/m] \tag{2.4}$$

식 (2.3)으로부터, 쿨롱의 법칙 식(2.1)은 다음과 같이 된다.

$$F = \frac{1}{4\pi\epsilon_0} \frac{Q_1 Q_2}{r^2} = 9 \times 10^9 \frac{Q_1 Q_2}{r^2} [N] \tag{2.5}$$

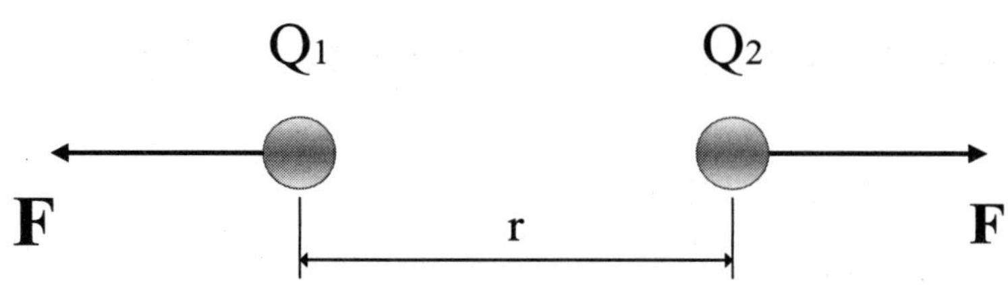

[그림 2-2] 쿨롱의 법칙

[예제 2-1]

진공 중에서 정, 부 2×10^{-4}[C]의 전하가 2[m]의 거리에 놓여져 있을 때 작용하는 힘의 크기 F[N]을 구하여라.

풀이 : 두 전하 사이의 힘 F는

$$F=\frac{1}{4\pi\epsilon_0}\frac{Q_1Q_2}{r^2}$$

$$=9\times10^9\times\frac{2\times10^{-4}\times(-2)\times10^{-4}}{2^2}$$

$$=\frac{9\times2\times(-2)\times10^{9-8}}{4}$$

$$=-90[N]$$

여기서 '-'는 흡인력을 말한다.

2-3 전 계

전하 사이에는 Coulomb의 법칙에 따른 힘(전기력)이 작용하므로 대전체 주위에 점 전하를 놓으면 반드시 힘이 작용하며, 만일 대전체가 있다면 점 진하에는 힘이 작용하지 않는다. [그림 2-3](a)와 같이 대전체 Q[C]에 의해 전기력이 작용하는 공간을 **전계**(electric field)라 하며 특히 정지상태의 전하에 의한 전계를 **정전계**(靜電界; electrostatic field)라 한다.

그리고 [그림 2-3](b)와 같이 전계 내(電界內) 한 점에 **단위정전하** +1[C]을 놓았을 때, 작용하는 힘을 그 점에 대한 **전계(電界)의 세**

기(intensity of electric field)라 정의하며 여기서, 전계의 세기는 벡터량이다. 그러나 단위정전하에 의하여 발생하는 전계의 영향 때문에 본래의 전계에 변화가 일어나면 전계의 결정이 무의미해지므로, 단위정전하 대신 본래의 전계에 어떠한 영향을 주지 않는 미소(微小) 전하의 도입이 필요하다. 따라서 이러한 조건을 만족하는 미소 전하를 가정하여 **검전하**(檢電荷; test charge)라 한다.

전계의 세기 E 내에 검전하 ΔQ[C]이 있을 때 이 검전하에 작용하는 힘을 ΔF라 하면

$$E = \lim_{\Delta Q \to 0} \frac{\Delta F}{\Delta Q} \,[\mathrm{N/C}] \tag{2.6}$$

로 전계의 세기를 정의한다. 즉, 이 값은 단위정전하 +1[C]에 작용하는 힘이 아니고 검전하에 작용하는 힘을 단위정전하에 대한 힘으로 환산한 값이 된다. 또한, 작용하는 힘은 크기와 방향을 가진 벡터이므로 전계의 세기 역시 벡터로 취급하여야 한다. 따라서 ΔQ[C]에 작용하는 힘을 벡터인 $\Delta \mathbf{F}$로 표시하면 전계의 세기 $\mathbf{E}$는 다음과 같이 표현된다.

$$\mathbf{E} = \lim_{\Delta Q \to 0} \frac{\Delta \mathbf{F}}{\Delta Q} \,[\mathrm{N/C}] \tag{2.7}$$

전계의 세기 $\mathbf{E}$는 1[C]당 작용하는 힘이 1[N]이 되는 전계의 세기를 단위로 사용하며 다음과 같다.

$$[\mathrm{N/C}] = \left[\frac{\mathrm{N \cdot m}}{\mathrm{C \cdot m}}\right] = \left[\frac{\mathrm{J}}{\mathrm{C \cdot m}}\right] = [\mathrm{V/m}] \tag{2.8}$$

그리고 전계의 세기 $\mathbf{E}$[V/m]인 한 점에 전하 Q[C]을 놓았을 때 이에 작용하는 힘 $\mathbf{F}$[N]은

$$F = QE\,[N],\ E = \frac{F}{Q}\,[V/m] \tag{2.9}$$

가 되며, 이때 힘의 방향은 전계의 방향과 같다.

[그림 2-3](b)에서와 같이 진공 중 전계 내의 한 점 O에 Q[C]의 점 전하가 있을 때, 이 점 O에서 r[m]의 거리에 있는 점 P의 전계의 세기는 점 P에 단위정전하 +1[C]을 놓았을 때 작용하는 힘이므로 식 (2.5)에 $Q_1 = Q\,[C]$, $Q_2 = +1\,[C]$을 대입하여 정리하면 다음과 같이 쓸 수 있다.

$$E = \frac{1}{4\pi\epsilon_0}\frac{Q\times 1}{r^2} = \frac{1}{4\pi\epsilon_0}\frac{Q}{r^2} = 9\times 10^9\frac{Q}{r^2}\,[N/C = V/m] \tag{2.10}$$

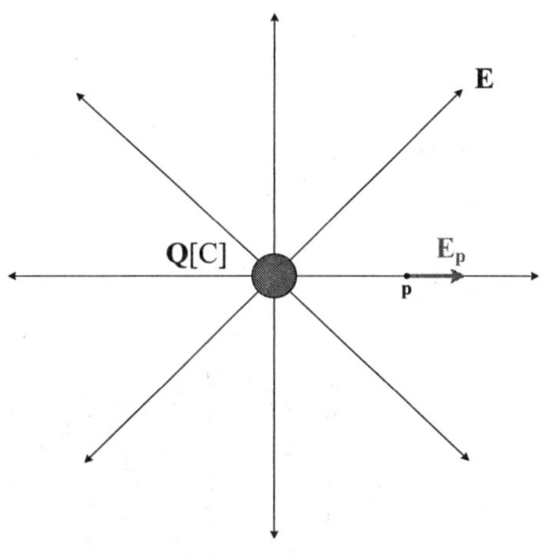

(a) 전계

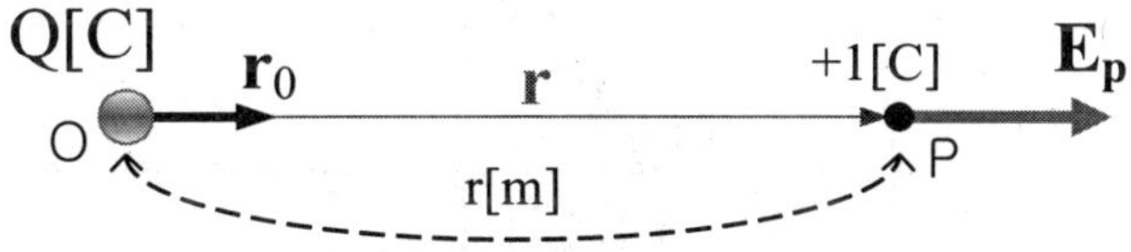

(b) 한 개의 전하에 의한 전계의 세기

[그림 2-3] 전하에 의한 전계

전계의 세기를 벡터로 나타내면

$$\mathbf{E} = \frac{1}{4\pi\epsilon_0}\frac{Q}{r^2}\mathbf{r_0}[N/C = V/m] \tag{2.11}$$

가 되며, 여기서 $\mathbf{r_0}$는 벡터 $\mathbf{r}$의 단위벡터로서 방향은 O점에서 P점으로 향한 것이다. 즉, 한 점에서 전계의 세기의 방향은 그 점을 지나는 전기력선 방향과 일치한다.

점 전하 Q[C]에 의한 어느 한 점의 전계는 [그림 2-4]에서와 같이 그 점의 좌표 (x, y, z)의 함수가 된다. 그러므로 각 좌표축 성분으로 전계의 세기를 표시할 수 있다.

많이 사용되는 직각좌표계에 대한 각 축의 성분을 E_x, E_y, E_z라 하면, 전계 $\mathbf{E}$는

$$\mathbf{E} = E_x\mathbf{i} + E_y\mathbf{j} + E_z\mathbf{k}[V/m] \tag{2.12}$$

로 표시된다.

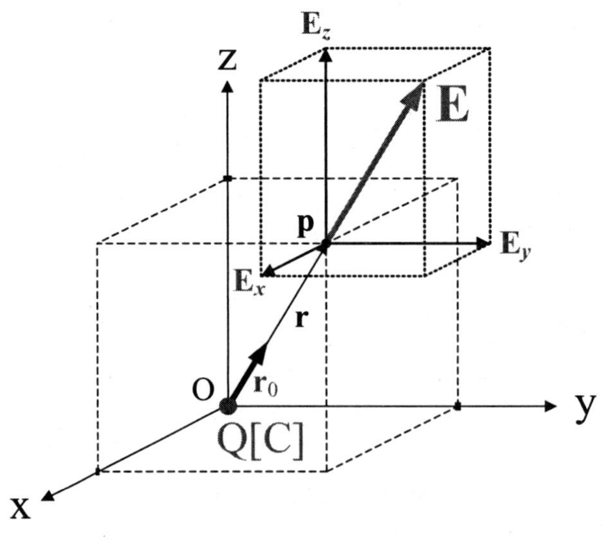

[그림 2-4] 전계의 세기 벡터 표시

[그림 2-5]에서 2개의 점 전하 Q_1, Q_2[C]이 점 A, B에 놓여 있을 때, 두 점 전하로부터 r_1, r_2[m]거리에 있는 점 P의 전계의 세기는 점 P에 단위정전하를 놓았을 때 이에 작용하는 힘이므로, Q_1에 의한 전계의 세기 $\mathbf{E_1}$과 Q_2에 의한 전계의 세기 $\mathbf{E_2}$와의 벡터 합인 E가 식(2.13)과 같이 된다.

$$\mathbf{E} = \mathbf{E_1} + \mathbf{E_2} \tag{2.13}$$

따라서 공간에 다수의 점 전하가 있을 때는 각각의 점 전하에 의하여 임의 점에 생긴 전계의 세기를 벡터적으로 합한 것이 그 점의 전계의 세기가 되며, 다음 식으로 표현된다.

$$E = E_1 + E_2 + E_3 + \cdot\cdot\cdot E_n = \sum_{i=1}^{n} E_i \tag{2.14}$$

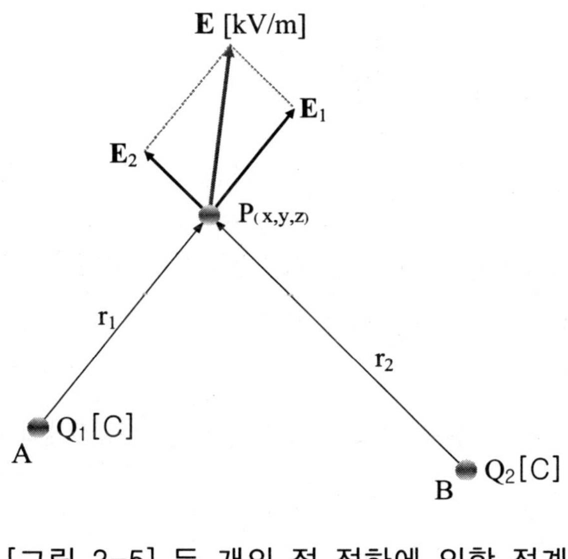

[그림 2-5] 두 개의 점 전하에 의한 전계

[예제 2-2]

$+1[\mu C]$, $+2[\mu C]$의 두 점 전하가 진공 중에서 2[m] 떨어져 있을 때 두 전하 사이의 중간 점의 전계의 세기 E[V/m]를 구하여라.

풀이 : 점 P에 작용하는 E_{PB}와 E_{PA}가 서로 반대 방향이므로 전계의 세기 E_P는

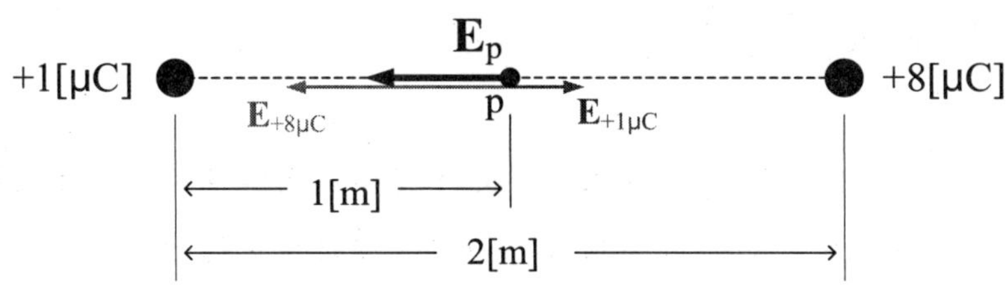

$$E_P = E_{PB} - E_{PA}$$

$$= \frac{1}{4\pi\epsilon_0 r^2}(Q_B - Q_A)$$

$$= 9\times 10^9 \times \frac{1}{1^2} \times (2\times 10^{-6} - 1\times 10^{-6})$$

$$= 9\times 10^3 [V/m]$$

[예제 2-3]

[그림 2-5]에서 $Q_1 = 4.8\times 10^{-7}$[C], $Q_2 = 1.8\times 10^{-7}$[C]일 때, Q_1에서 4[m] Q_2에서 3[m] 떨어진 점 P의 전계의 세기 E[V/m]를 구하라.

풀이 : E[V/m]는 전하 Q_1, Q_2에서 의한 점 P의 전계의 세기 E_1, E_2는

$$E_1 = 9\times10^9\times\frac{4.8\times10^{-7}}{4^2} = 270\,[\mathrm{V/m}]$$

$$E_2 = 9\times10^9\times\frac{1.8\times10^{-7}}{3^2} = 180\,[\mathrm{V/m}]$$

이며, 점 P의 전계의 세기 E[V/m]는 E_1과 E_2의 벡터 합이므로 다음과 같다.

$$\therefore E = \sqrt{E_1^2+E_2^2} = \sqrt{270^2+180^2} = 324.5\,[\mathrm{V/m}]$$

2-4 전기력선과 전기력선 방정식

전계는 전기력이 작용하는 모양을 그림으로 표현하면 더욱 쉽게 이해할 수 있다. 이에 따라 전기력이 작용하는 방향으로 그려진 선(線; line)인 전기력선(電氣力線)을 가정하였다.

이 **전기력선**은 전계 내에서 단위정전하(+1[C])가 아무 저항 없이 전계에 의하여 이동할 때 그려지는 선으로, 전기력선상 임의 점에서의 접선 방향이 그 점에서의 전계 방향과 일치한다고 정의하였다. 그러나 이 정의에 따라 전기력선을 그리면 무수하게 많이 그려야 하므로, 전기력선상의 임의 점의 전계의 세기를 E[V/m]라 할 때 이 점에서 전기력선에 수직 되는 단위면적($1[\mathrm{m}^2]$)을 통과하는 전기력선 수, 즉 **전기력선 밀도** $[\mathrm{lines/m^2}]$를 그 점에서의 전계의 세기 E[V/m]와 같도록 정의하여 전기력선의 수를 유한하게 제한하였다.

즉, [그림 2-6](a)와 같이 전기력선에 수직 되는 미소 면적을 $\varDelta S$, 이것을 수직으로 지나는 선수를 $\varDelta N$이라 하면, $\varDelta N/\varDelta S$은 $\varDelta S$에서의 전기력선 밀도가 되는데 $\varDelta S$를 무한히 적게 취하였을 때의 값을 그 점에서의 전계의 세기 E와 같도록 하였다.

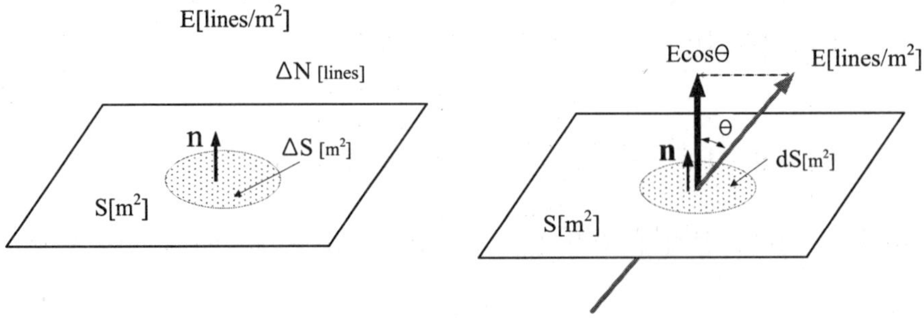

(a) (b)

[그림 2-6] 전기력선 밀도

$$\lim_{\Delta S \to 0} \frac{\Delta N}{\Delta S} = \frac{dN}{dS} = E\left[\text{lines}/m^2\right] \tag{2.15}$$

따라서, 전계 E[V/m]인 점의 수직 되는 면적 dS[m^2]을 지나는 전기력선 수는 dN=EdS[lines]이며 [그림 2-6](b)와 같이 면적 dS가 전계 E[V/m]에 대하여 각 θ로 기울어졌을 경우 dS를 관통하는 전기력선 수는

$$dN = E\cos\theta ds = \mathbf{E} \cdot \mathbf{n} dS[\text{lines}] \tag{2.16}$$

이다. 여기서 $\mathbf{n}$은 dS에 대한 법선 단위벡터(normal unit vector)이다.

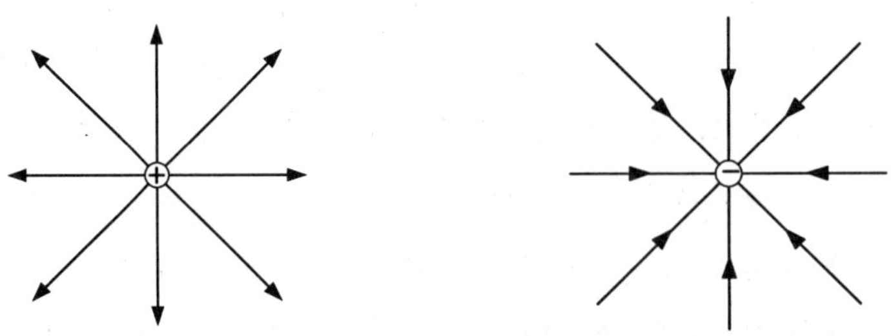

(a) (b)

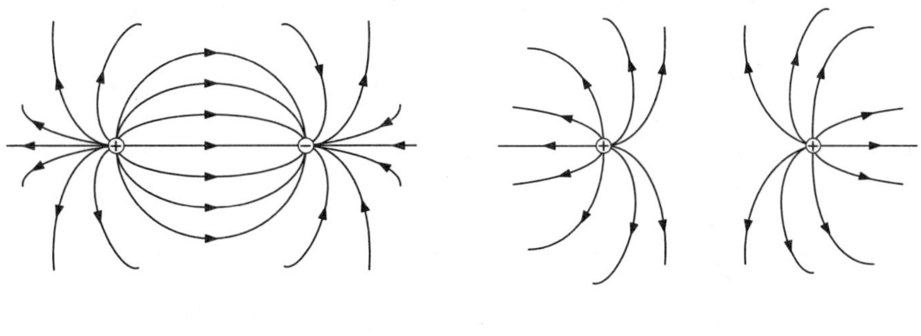

(c) (d)

[그림 2-7] 전기력선

[그림 2-7]은 같은 두 점 전하의 경우에 2차원(평면)에 대한 전기력선 모양으로 전기력선의 성질을 정리하면 다음과 같다.

첫째, 전기력선은 정전하에서 부 전하 또는 무한원으로 향하며 회전하지 않는다.
둘째, 전기력선상의 접선 방향은 전계의 방향과 일치한다.
셋째, 전기력선은 서로 반발하며 교차하지 않는다.
넷째, 전기력선 밀도 $\mathbf{E}$[lines/m^2]는 전계의 세기 $\mathbf{E}$[N/C]와 같다.

전기력선을 수식적으로 나타내려면 [그림 2-8]처럼 전기력선상에 임의 점에 대한 접선 방향의 미소 선분 벡터 $dl = dx\mathbf{i} + dy\mathbf{j}$ [m]와 $\mathbf{E} = E_x\mathbf{i} + E_y\mathbf{j}$ [V/m]를 취하면 전기력선의 접선 방향은 전계의 방향과 일치하므로 다음과 같은 비례식이 성립한다.

$$E_x : E_y = d_x : d_y$$

$$\frac{d_x}{E_x} = \frac{d_y}{E_y} \tag{2.17}$$

전기력선 방정식을 3차원 공간으로 확대하면 다음과 같다.

$$\frac{d_x}{E_x} = \frac{d_y}{E_y} = \frac{d_z}{E_z} \tag{2.18}$$

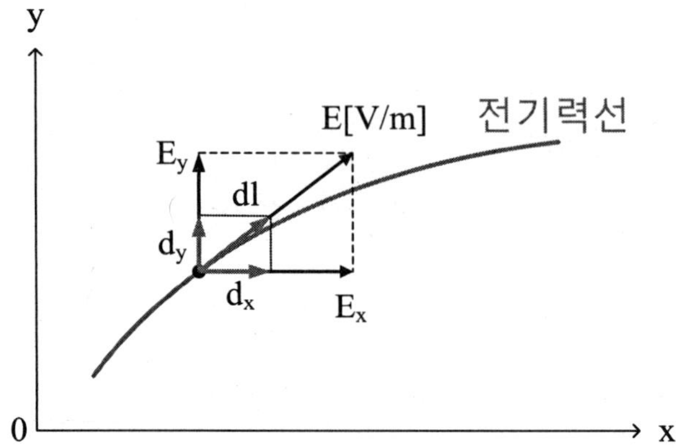

[그림 2-8] 전기력선 방정식

[예제 2-4]

전계의 세기가 $\mathbf{E} = \frac{2x}{x^2+y^2}\mathbf{i} + \frac{2y}{x^2+y^2}\mathbf{j}$ [V/m]인 공간에서, 점 (2, 5, 1)[m]를 지나는 전기력선 방정식을 구하라.

풀이 : 전기력선 방정식 $\frac{dx}{E_x} = \frac{dy}{E_y} = \frac{dz}{E_z}$에

$E_x = \frac{2x}{x^2+y^2}$, $E_y = \frac{2y}{x^2+y^2}$, $E_z = 0$을 대입하며 풀면

$$\frac{dx}{\frac{2x}{x^2+y^2}} = \frac{dy}{\frac{2y}{x^2+y^2}}$$

$$\frac{dx}{x} = \frac{dy}{y}$$

이 되며

위식의 양변을 적분하여 풀면 다음과 같다.

$$\int_x \frac{1}{x}dx = \int_y \frac{1}{y}dy$$

$$\ln x = \ln y = \ln C \quad (C : constant)$$

$$\therefore \ x = Cy$$

즉, 전기력선의 방정식은 $x = Cy$ 이고, 점 $(2, 5, 1)[m]$을 지나는 방정식은

$$C = \frac{x}{y} = \frac{2}{5} \text{이므로}$$

$$\therefore \ x = \frac{2}{5}y$$

가 된다.

[예제 2-5]

전계 $\mathbf{E} = \frac{2}{x}\mathbf{i} + \frac{2}{y}\mathbf{j}\,[V/m]$ 에서 점 $(2, 4)[m]$를 통과하는 전기력선 방정식을 구하라.

풀이 : 전기력선 방정식에

$$\frac{dx}{E_x} = \frac{dy}{E_y}$$

$$E_x = \frac{2}{x}, \ E_y = \frac{2}{y} \text{를 대입하면}$$

$$\frac{dx}{\frac{2}{x}} = \frac{dy}{\frac{2}{y}} \text{가 되며}$$

$$xdx = ydy$$

양변을 적분하면

$$\int_x x dx = \int_y y dy$$

$$\frac{1}{2}x^2 = \frac{1}{2}y^2 + C$$이며

$x = 2$, $y = 4$를 대입한 후

C에 대하여 정리하면

$$C = \frac{1}{2}x^2 - \frac{1}{2}y^2 = \frac{1}{2}2^2 - \frac{1}{2}4^2 = -6$$이며

따라서

$$\frac{1}{2}x^2 = \frac{1}{2}y^2 - 6$$

$\therefore\ y^2 - x^2 = 12$ 이다.

2-5 전위와 전위차

전계 내에 있는 전하가 전기력을 받아, 이 전기력에 의하여 어느 거리만큼 이동하였다면 전계가 전하에 대하여 일을 하였다고 한다. 반대로 전기력과 반대 방향으로 전하를 이동시키려면 외부로부터 전기력과 반대 방향으로 전하에 힘을 공급하여야 한다. 이처럼 외력(外力)에 의하여 전기력과 반대 방향으로 전하를 어느 거리만큼 이동시켰다면, 외력이 전하에 대하여 일을 하였다고 한다. 이때 외력인 힘 $\mathbf{F}$[N]가 작용하여 dl[m]의 거리를 이동시켰을 때 힘 $\mathbf{F}$의 한 일 dW는 다음과 같다.

$$dW = \mathbf{F} \cdot dl\,[\mathrm{J}]$$

[그림 2-9]과 같이 전계 $\mathbf{E}$에서 전하 q를 점 B에서 점 A까지 움

직이는데 필요한 일은 다음과 같다. 전하 q[C]를 미소 변위 dl[m] 만큼 움직이는데 필요한 일 dW는 힘 **F**[N]와 변위 dl[m]이 이루는 각을 θ[°]라 하면 다음과 같이 나타낼 수 있다.

$$dW = \mathbf{F} \cdot d\mathbf{l} = F\cos\theta dl\,[J] \tag{2.19}$$

따라서 전하 q를 점 B에서 점 A까지 운반하는데 필요한 일 W_{AB} 는 다음과 같다.

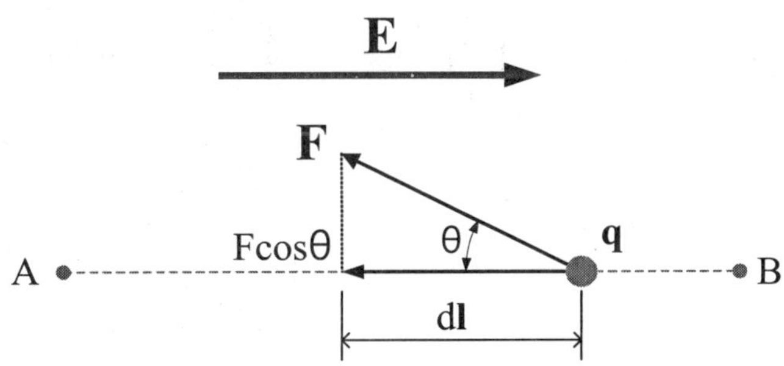

[그림 2-9] 전계 내 전하이동에 필요한 일

$$W_{AB} = \int_B^A F\cos\theta dl = \int_B^A \mathbf{F} \cdot d\mathbf{l}\,[J] \tag{2.20}$$

또한 $\mathbf{F} = -q\mathbf{E}$이므로

$$W_{AB} = -q\int_B^A \mathbf{E} \cdot d\mathbf{l} = -q\int_B^A E\cos\theta dl\,[J] \tag{2.21}$$

로 나타낼 수 있다. 여기서 음의 부호 '−'는 q[C]에 대해 전계와 반대 방향으로 한 일을 나타낸다.

특히 전계 내 점 B에서 점 A까지 단위정전하(+1[C])를 운반할 때 필요로 하는 일을 A, B간의 **전위차**(電位差 : electric potential difference)라 한다. 이것을 V_{AB}로 표시하면

$$V_{AB} = \frac{W_{AB}}{q} = -\int_B^A \mathbf{E} \cdot dl = -\int_B^A E\cos\theta dl\,[V = J/C] \qquad (2.22)$$

와 같다.

[그림 2-10]과 같이 점전하에 의한 점 A와 점 B의 전위를 각각 V_A, V_B라 하면 점 A와 점 B사이의 전위차는 식(2.22)로 부터 다음과 같이 표시된다.

$$V_{AB} = V_A - V_B = -\int_B^A \mathbf{E} \cdot d\mathbf{r} = -\int_{B=r_B}^{A=r_A} E\cos\theta dr$$

$$= -\frac{Q}{4\pi\epsilon_0}\int_{r_B}^{r_A} \frac{1}{r^2} dr$$

$$= \frac{Q}{4\pi\epsilon_0}\left(\frac{1}{r_A} - \frac{1}{r_B}\right)[V] \qquad (2.23)$$

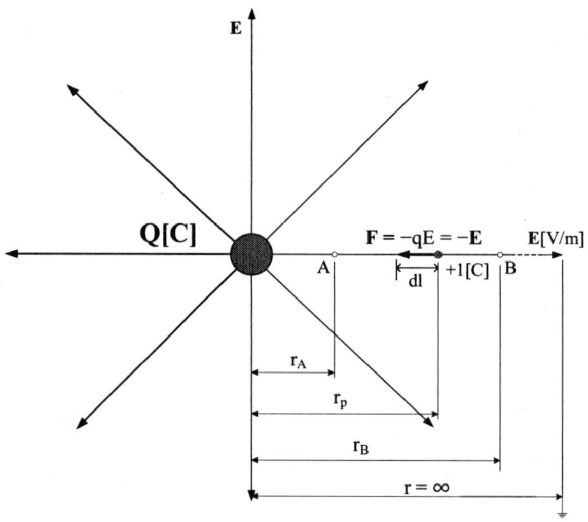

[그림 2-10] 점전하 전계 내 전위 및 전위차

여기서, $\theta = 180°$이므로 $\cos\theta dr = \cos 180° dr = dr$이며, $r_A < r_B$이

므로 $V_{AB} = -\int_{B}^{A} \mathbf{E} \cdot d\mathbf{r} > 0$이 되어 A점의 전위는 B점의 전위보다 $V_{AB}(= V_A - V_B)$만큼 높다.

전계 내 한 점의 전위는 '단위정전하를 전계의 세기가 0인 무한원점에서 점 P가지 운반할 때 소요되는 일 또는 점 P에서 무한원점(無限遠點, the point at infinity)까지 운반할 때 전계가 행한 일'로 정의되며 다음과 같다.

$$V_P = -\int_{\infty}^{P} E \cdot dr = -\int_{\infty}^{P=r} E\cos\theta dr = \frac{Q}{4\pi\epsilon_0 r}[V] \qquad (2.24)$$

전위 및 전위차의 단위를 **볼트**(volt)라 하고 기호 [V]로 표시한다. 따라서 1[C]의 전하를 운반하는 데 필요로 하는 일이 1[J]일 때의 두 점 간의 전위차가 1[V]이다.

전위의 기준은 무한원점의 전위를 0으로 하고 있으나 실용은 대지의 전위를 0으로 하여 이것을 기준으로 하고 있다.

이상의 결과로부터 정전하는 전계의 작용 때문에 전위가 낮은 곳으로 이동하며, 이때 전계는 전하에 대하여 일을 하므로 전하가 지진 자신의 에너지(전위)는 감소하게 된다. 이에 따라 전계 내 전하는 자신의 위치에너지가 최소가 되는 분포상태에서 정지상태, 즉 안정한 상태를 유지하며, 이러한 관계를 **톰슨의 정리**(Thomson's Theory)라 부른다. 또한, 이러한 상태의 전하분포에 의한 전계가 **정전계**이다.

[예제 2-6]

공기 중에 놓인 도체 구의 전위가 60[kV]일 때, 도체 표면의 전계의 세기는 4[kV/cm]였다. 도체 구에 대전 된 전하량을 구하라.

풀이 : $V=\dfrac{Q}{4\pi\epsilon_0 a}$, $E=\dfrac{Q}{4\pi\epsilon_0 a^2}$로 부터

$a=\dfrac{V}{E}$, $Q=4\pi\epsilon_0 aV$이므로, 전하량 Q[C]는

$$\therefore\ Q=4\pi\epsilon_0 aV=4\pi\epsilon_0\frac{V^2}{E}=\frac{(60\times10^3)^2}{9\times10^9\times4\times10^5}=10^{-6}[C]=1[\mu C]$$

전위는 스칼라량이므로 다수의 점전하 Q_1, Q_2, Q_3, …, Q_n[C]에 의한 전계 내의 한 점 P의 전위는 각 전하에 의한 전위의 대수합이 된다.

$$\begin{aligned} V_P &= V_1+V_2+V_3+\cdot\cdot\cdot\cdot+V_n \\ &= \frac{1}{4\pi\epsilon_0}\left(\frac{Q_1}{r_1}+\frac{Q_2}{r_2}+\frac{Q_3}{r_3}+\cdot\cdot\cdot\cdot+\frac{Q_n}{r_n}\right) \\ &= \frac{1}{4\pi\epsilon_0}\sum_{i=1}^{n}\frac{Q_i}{r_i}[V] \end{aligned} \tag{2.25}$$

전계 내 전하분포가 여러 형태의 전하 즉 선 전하, 면 전하, 체적 전하로 분포할 때 전위는 선전하에서는 선 전하 밀도 λ[C/m], 면 전하는 면 전하밀도 $\sigma[C/m^2]$, 체적 전하분포에 대하여는 체적 전하 밀도 $\rho[C/m^3]$로 계산한다.

길이 L[m]에 분포한 선전하는

$$Q_L=\int_L \lambda dl[C] \tag{2.26}$$

이 되며, 마찬가지로 면적 $S[m^2]$에 분포한 면 전하 Q_S는

$$Q_S = \int_S \sigma dS[C] \tag{2.27}$$

이고, 체적 $V[m^3]$에 분포한 체적 전하량은

$$Q_V = \int_V \rho dv[C] \tag{2.28}$$

이다. 여기서 L, S, V는 각각 전하가 분포된 선의 길이, 면적 및 체적을 표시한 것이다.

식 (2.23)으로 부터 전계 내 점 B에서 점 A까지 적분 경로는 무수히 많으나, 전위차는 r_A, r_B만으로 결정되며 점 A, B 사이 경로에는 무관함을 알 수 있다. 즉, 전계 내에서 단위정전하를 운반할 때 소요되는 일은 이동 경로에 관계 없이 시점과 종점의 위치만으로 결정되는 하나의 값으로 정해진다. 이를 보존계(保存界 : conservative field)라 하며 정전계(靜電界 : electrostatic field)가 이에 속한다.

정전계에서는 [그림 2-11]처럼

$$\int_{AC_1B} \mathbf{E} \cdot dl = \int_{AC_2B} \mathbf{E} \cdot dl = -\int_{BC_2A} \mathbf{E} \cdot dl \text{ 이므로}$$

$$\int_{AC_1B} \mathbf{E} \cdot dl + \int_{BC_2A} \mathbf{E} \cdot dl = 0$$

이 되어 폐곡선 AC_1BC_2A를 일주할 때 전계가 한 일은 0이 되며, 이것은 다음과 같이 표시될 수 있다.

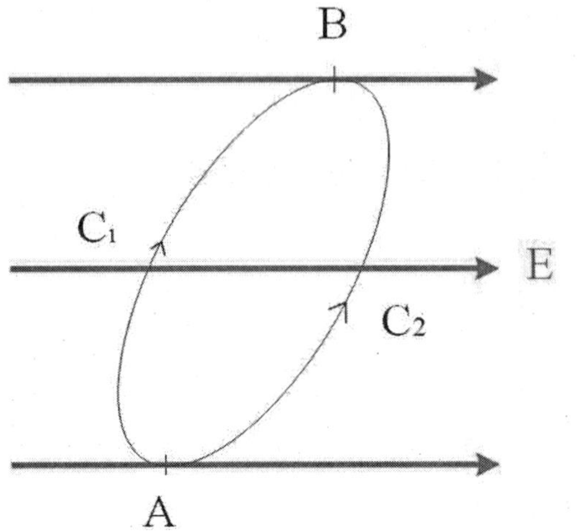

[그림 2-11] 전위의 보존성

$$\oint \mathbf{E} \cdot d\mathbf{l} = 0 \tag{2.29}$$

여기서 기호 $\oint$는 폐곡선에 따라 일주적분(一周積分 : one round integral) 하는 것을 의미하며, 이 적분을 주회적분(circulation integral)이라 한다.

식 (2.29)를 스토크스 정리(Stokes' theorem)에 의하면

$$\oint \mathbf{E} \cdot d\mathbf{l} = \int_S (\mathrm{rot}\mathbf{E}) \cdot d\mathbf{S} = \int_S (\nabla \times \mathbf{E}) \cdot d\mathbf{S} = 0 \tag{2.30}$$

이다. 따라서

$$\nabla \times \mathbf{E} = \mathrm{rot}\mathbf{E} = 0 \tag{2.31}$$

이 된다. 이것은 전기력선(전계)은 정전하에서 부전하로 향하며 회전하지 않는다는 전계 **E**의 **비회전성**(非回轉性)을 수식화한 식이다.

[예제 2-7]

z = 0[m]인 평면 위에 선 전하밀도 ρ_L[C/m]로 반경 $a[m]$인 원형의 선 전하가 분포된 경우, 중심축 상에 있는 점 P(0, 0, z)의 전위를 구하라.

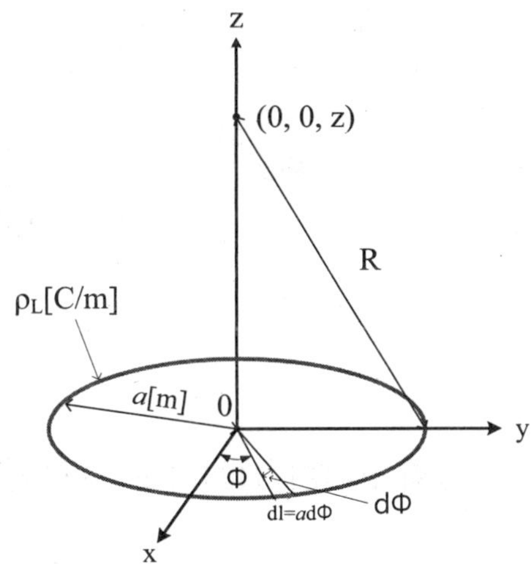

풀이 : $dl = ad\phi$, $R = \sqrt{a^2 + z^2}$, $\phi = 0 \sim 2\pi$이며

ρ_L이 균일하게 분포하고 있으므로

$$V_P = \oint_L \frac{1}{4\pi\epsilon_0}\frac{\rho_L dl}{R} = \oint_0^{2\pi} \frac{\rho_L a d\phi}{4\pi\epsilon_0\sqrt{a^2 + z^2}} = \frac{\rho_L a}{2\epsilon_0\sqrt{a^2 + z^2}} [V]$$

2-6 등전위면

전계 중에서 전위가 같은 점끼리 이어서 만들진 하나의 면을 **등전위면**(等電位面 : equipotential surface)이라 한다. 이 등전위면에서 일정한 거리 안에 등전위선이 많이 분포되어있으면 전계의 세기가 강함을 알 수 있다. 등전위면의 특징은 다음과 같다.

1. 서로 다른 전위의 등전위면은 교차하지 않는다.
2. 등전위면과 전기력선(전계)는 수직으로 교차한다.

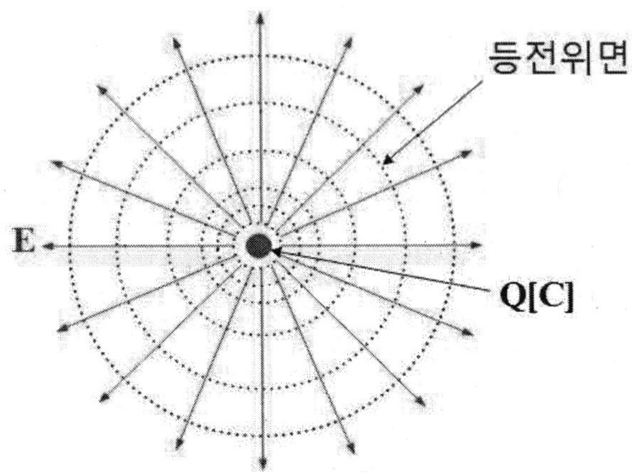

[그림 2-12] 점전하와 등전위면

[그림 2-12]에서 실선은 전기력선, 점선은 등전위면을 나타내며, 점전하 Q[C]에서 r[m]떨어진 점의 전위는 $V_P = \frac{Q}{4\pi\epsilon_0 r}$ [V]이므로 점전하 Q로부터 같은 반지름 r을 가진 동심 구면이 **등전위면**이 되며 등전위면은 반지름에 따라 무수히 많고, 상호 교차하지 않는다. 등전위면을 따라 전하를 운반할 때, 전위의 변화가 없으므로 식 (2.22)는

$$dV = -\int_B^A \mathbf{E} \cdot dl = -\int_B^A E\cos\theta dl = 0\,[V = J/C] \qquad (2.32)$$

가 된다. $E \neq 0$, $dl \neq 0$이므로 $\cos\theta = 0$이 되고 따라서 $\theta = 90°$가 되어 전기력선과 등전위면은 수직으로 항상 교차하게 됨을 알 수 있다.

2-7 전위 경도

전위와 전계의 관계를 수식화하기 위하여 도입한 개념이다. [그림 2-13]과 같이 전계 내 임의의 점 P(x, y, z)의 전위를 V_{xyz}[J/C], x방향 전계를 E_x[N/C = V/m]라 할 때, 단위정전하 +1[C]이 전계 E_x에 의해 dx[m] 이동하여 전위가 −dV[V]만큼 감소하였다면, 이 감소는 전계가 행한 일 $E_x \cdot dx$의 결과이므로

$$-dV = E_x \cdot d_x [V]$$

$$E_x = -\frac{dV}{dx} = -\frac{\partial V}{\partial x} [V/m] \tag{2.33}$$

가 된다. y, z 방향에 대하여도 다음과 같이 얻어진다.

$$E_y = -\frac{\partial V}{\partial y} [V/m] \tag{2.34}$$

$$E_z = -\frac{\partial V}{\partial z} [V/m] \tag{2.35}$$

따라서 식(2.12)으로부터 다음 식이 얻어진다.

$$\begin{aligned} \mathbf{E} = E_x\mathbf{i} + E_y\mathbf{j} + E_z\mathbf{k} &= -\left(\frac{\partial V}{\partial x}\mathbf{i} + \frac{\partial V}{\partial x}\mathbf{j} + \frac{\partial V}{\partial x}\mathbf{k}\right) \\ &= -\left(\frac{\partial}{\partial x}\mathbf{i} + \frac{\partial}{\partial x}\mathbf{j} + \frac{\partial}{\partial x}\mathbf{k}\right)V \\ &= -\nabla V \\ &= -\mathrm{grad}V [V/m] \end{aligned} \tag{2.36}$$

여기서 전위 V의 xyz방향 증분율, 즉 전위의 길이에 대한 경도(기울기)를 표시한

$$\frac{\partial V}{\partial x}\mathbf{i}+\frac{\partial V}{\partial x}\mathbf{j}+\frac{\partial V}{\partial x}\mathbf{k}=\nabla V \tag{2.37}$$

가 얻어진다. 이처럼 벡터 ∇(nabla)에 전위 V를 곱한 식 (2.37)을 **전위경도**(電位傾度 : potential gradient)라 한다.

벡터 연산자 ∇(nabla)를 사용하면 식 (2.36)은 다음과 같다.

$$E=-\nabla V=-\mathrm{grad}V\,[V/m] \tag{2.38}$$

이 식은 전계의 세기와 전위와의 관계식이며, 전위경도는 전계의 세기와 같으나 방향은 반대 방향으로, 기호 '−'는 전계는 전위가 감

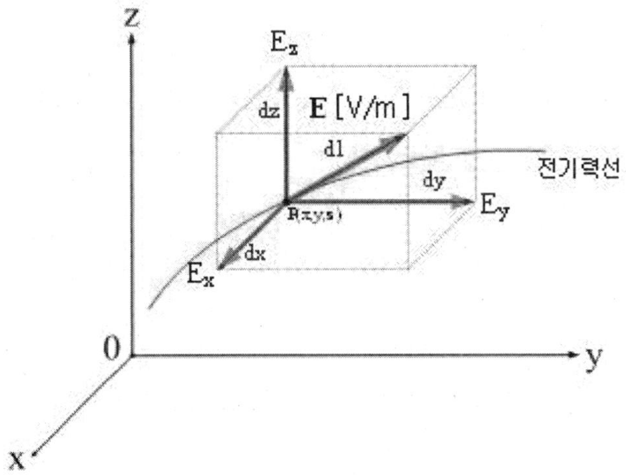

[그림2-13] 전위 경도

소하는 방향으로 향함을 의미하며, 같은 거리에 대한 전위의 변화가 크면 전계의 세기가 강하게 작용함을 나타낸다.

[예제 2-8]

z=0[m]인 평면 위에 선전하 밀도 ρ_L[C/m], 반경 a[m]인 원형 선전하가 분포된 경우, 중심축 상 점 P(0, 0, z)의 전계를 구하라.

풀이 : 중심축 상 점 P(0, 0, z)의 전위는 $V_P = \dfrac{\rho_L a}{2\epsilon_0 \sqrt{a^2 + z^2}}$ [V]이다.

다음 그림과 같이 중심축에 수직되는 전계 성분 E_x, E_y는 dl부분 외에 dl′부분을 취해보면, 그 대칭성으로 서로 상쇄되어 원형 코일 전체에서 0이 된다. 따라서, P점의 전계 E_P는 E_z만 남게 되어

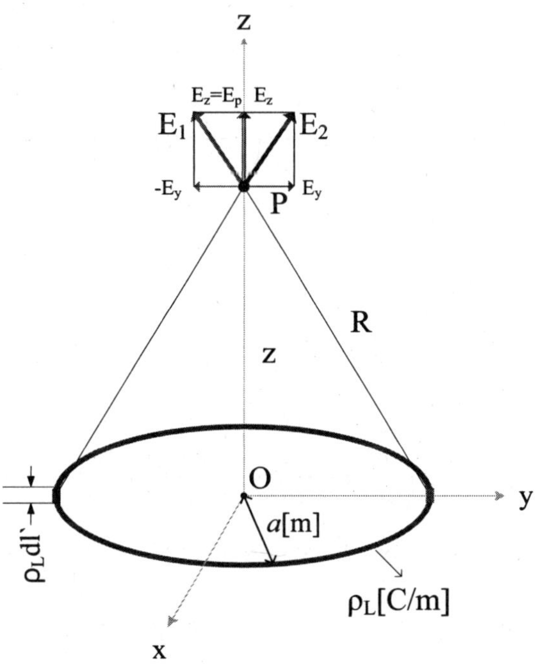

$$E_P = E_z = -\frac{\partial V_P}{\partial z} = -\frac{\rho_L a}{2\epsilon_0}\frac{\partial}{\partial z}\left\{\frac{1}{\sqrt{a^2+z^2}}\right\}$$

$$= -\frac{\rho_L a}{2\epsilon_0}\left\{\frac{-\frac{1}{2}(a^2+z^2)^{-\frac{1}{2}} \cdot 2z}{a^2+z^2}\right\}$$

$$= \frac{\rho_L a}{2\epsilon_0}\frac{z}{(a^2+z^2)^{\frac{3}{2}}}\ [\text{V/m}]$$

E_P의 방향은 $\overrightarrow{OP}$방향이다.

[예제 2-9]

점전하에 의한 전위함수가 $V = x^2 + y^2$[V]로 주어질 때, 전계 내 점 (2, 1)[m]에서의 전위 경도와 전기력선 방정식을 구하여라.

풀이 :

1) 전위 경도는

$$\text{grad}V = \nabla V = \left(\frac{\partial}{\partial x}\mathbf{i} + \frac{\partial}{\partial y}\mathbf{j} + \frac{\partial}{\partial z}\mathbf{k}\right)(x^2 + y^2) = 2x\mathbf{i} + 2y\mathbf{j}$$

따라서, 점 (2, 1)[m]에서 전위경도는

$$\therefore \ \text{grad}V\,|_{(2,1)} = 4\mathbf{i} + 2\mathbf{j}$$

2) 전위 경도는 전계와 방향이 반대이고 크기는 같으므로 전계의 세기 E는

$$E = -\nabla V = -\left(\frac{\partial V}{\partial x}\mathbf{i} + \frac{\partial V}{\partial y}\mathbf{j} + \frac{\partial V}{\partial z}\mathbf{k}\right) = -2x\mathbf{i} - 2y\mathbf{j}\ [\text{V/m}]$$

여기서, $E_x = -2x$, $E_y = -2y$이므로

전기력선 방정식 $\dfrac{dx}{E_x} = \dfrac{dy}{E_y}$에 대입하면

$-\dfrac{dx}{2x} = -\dfrac{dy}{2y}$가 되며

양변에 적분을 취하여 풀면

$$\int \frac{dx}{2x} = \int \frac{dy}{2y}$$

$$\ln x = \ln y + \ln C$$

$x = Cy$, $\quad C = \dfrac{x}{y}$가 되며

점 (2, 1)[m]로부터 $x = 1$, $y = 2$를 대입하면

$C = \frac{x}{y} = \frac{2}{1} = 2$가 되므로

전기력선 방정식은 $\therefore y = \frac{1}{2}x$

2-8 전기쌍극자

크기가 같고 부호가 반대인 두 점전하 $\pm Q$[C]이 미소 거리 δ[m] 만큼 떨어져 있을 때, 이 한 쌍의 전하를 **전기쌍극자**(電氣雙極子 : electric dipole)라 하며, $Q\delta$[C·m]를 **전기쌍극자 모멘트**(electric dipole moment), $-Q$에서 $+Q$향하는 선을 **쌍극자 축**이라 한다.

전기쌍극자에 의해 유도되는 전위 및 전계는 다음과 같다.

[그림 2-14]와 같은 전기쌍극자의 두 전하 $\pm Q$[C]에서 각각 r_1, r_2[m] 거리에 있는 점 P의 전위 V는 식(2.25)에 의하여 다음과 같다.

$$V = \frac{Q}{4\pi\epsilon_0}\left(\frac{1}{r_1} - \frac{1}{r_2}\right) [V = J/C]$$

이 된다.

쌍극자 중심 O로부터 점 P까지의 거리를 r, r과 쌍극자 축 사이에 이루는 각을 θ라 하면, $r \gg \delta$ 이므로 근사적으로

$$r_1 \fallingdotseq r - \frac{\delta}{2}\cos\theta,\ r_2 \fallingdotseq r + \frac{\delta}{2}\cos\theta$$

라 놓을 수 있다. 이것을 위 식에 대입하여 정리하면

$$V = \frac{1}{4\pi\epsilon_0}\frac{Q\delta\cos\theta}{r^2} [V] \tag{2.39}$$

가 된다. 여기서 쌍극자모멘트를 M이라 하면

$$M = Q \cdot \delta \tag{2.40}$$

이므로, 전기쌍극자에 의해 유도되는 전위는 다음 식과 같다.

$$V = \frac{1}{4\pi\epsilon_0}\frac{M\cos\theta}{r^2}[V] \tag{2.41}$$

쌍극자 중심 O로 부터 점 P의 극좌표는 (r, θ)이므로 점 P에서

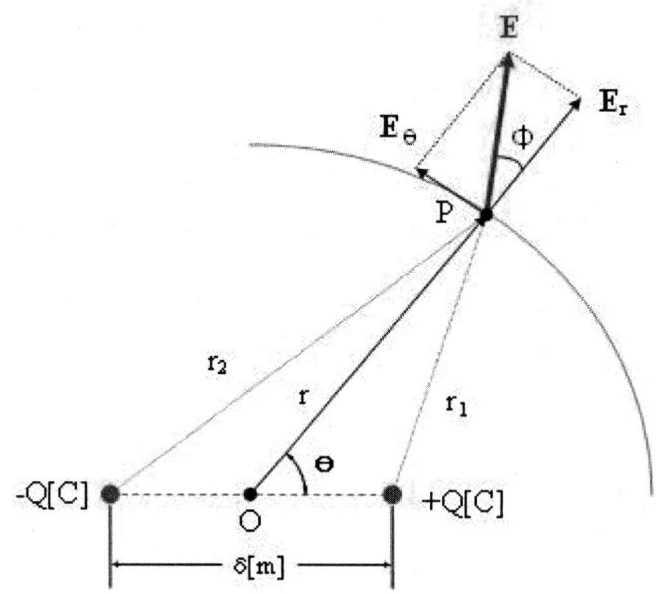

[그림 2-14] 전기쌍극자

전계 $\mathbf{E}$를 r방향 성분 E_r과 r에 수직인 θ방향 성분 E_θ로 분해하여 구좌표계로 표시하면

$$\mathbf{E} = -\,\mathrm{grad}V = -\left(\frac{\partial V}{\partial r}\mathbf{a}_r + \frac{\partial V}{r\partial\theta}\mathbf{a}_\theta\right) = E_r\mathbf{a}_r + E_\theta\mathbf{a}_\theta [V/m]$$

이며, 여기서 a_r, a_θ는 r과 θ방향의 단위벡터이다. 따라서

$$E_r = -\frac{\partial V}{\partial r},\ E_\theta = -\frac{1}{r}\frac{\partial V}{\partial \theta} \tag{2.42}$$

가 되며, 여기서 $r\theta$는 점 P의 θ방향에 대한 변위이다. 따라서 식 (2.41)을 위 식에 대입하여 정리하면

$$E_r = -\frac{\partial V}{\partial r} = \frac{1}{4\pi\epsilon_0}\frac{2M\cos\theta}{r^3}\,[V/m] \tag{2.43}$$

$$E_\theta = -\frac{1}{r}\frac{\partial V}{\partial \theta} = \frac{1}{4\pi\epsilon_0}\frac{M\sin\theta}{r^3}\,[V/m] \tag{2.44}$$

가 되며, P점의 전계의 세기 E는 다음과 같다.

$$E = \sqrt{E_r^2 + E_\theta^2} = \frac{1}{4\pi\epsilon_0}\frac{M}{r^3}\sqrt{1+3\cos^2\theta}\,[V/m] \tag{2.45}$$

또, 식(2.44)를 식(2.43)으로 나누면

$$\frac{E_\theta}{E_r} = \frac{\sin\theta}{2\cos\theta} = \frac{1}{2}tan\theta \text{이고}$$

r 방향과 **E** 방향의 사이 각을 ϕ라 하면

$$\tan\phi = \frac{E_\theta}{E_r} \text{이므로}$$

위 두 식으로부터 θ와 ϕ사이에는 다음 관계가 얻어진다.

$$\tan\phi = \frac{E_\theta}{E_r} = \frac{1}{2}\tan\theta \tag{2.46}$$

[예제 2-10]

[그림 2-14]에서 $Q=\pm 2[\mu C]$, $\delta=2[mm]$인 전기쌍극자가 있다. 전기쌍극자 중심점에서 $\theta=60^\circ$ 방향으로 $r=1[m]$ 떨어진 점의 전위 V와 전계의 r방향 성분 E_r과 θ방향 성분 E_θ를 구하라.

풀이 : $V=\dfrac{1}{4\pi\epsilon_0}\dfrac{M\cos\theta}{r^2}=\dfrac{1}{4\pi\epsilon_0}\dfrac{Q\delta\cos\theta}{r^2}$ [V]로 부터

1) 전위 V

$$V=9\times 10^9\times\frac{2\times 10^{-6}\times 2\times 10^{-3}\times\cos 60^\circ}{1^2}=18[V]$$

2) 전계 E_r

$$E_r=-\frac{\partial V}{\partial r}=\frac{1}{4\pi\epsilon_0}\frac{2M\cos\theta}{r^3}$$

$$=9\times 10^9\times\frac{2\times 2\times 10^{-6}\times 2\times 10^{-3}\times\cos 60^\circ}{1^3}$$

$$=36[V/m]$$

3) 전계 E_θ

$$E_\theta=-\frac{1}{r}\frac{\partial V}{\partial\theta}=\frac{1}{4\pi\epsilon_0}\frac{M\sin\theta}{r^3}$$

$$=9\times 10^9\times\frac{2\times 10^{-6}\times 2\times 10^{-3}\times\frac{\sqrt{3}}{2}}{1^3}$$

$$=18\sqrt{3}[V/m]$$

2-9 전기 이중층

[그림 2-15]와 같이 얇은 판의 양면에 양(+), 음(−)의 전하가 분포된 것을 **전기 이중층**(電氣二重層 : electric double layer)이라 한다.

전기 이중층에 의하여 형성되는 전위는 다음과 같다. 전기 이중층의 표면 전하밀도가 $\pm\sigma[C/m^2]$일 때, 전기 이중층 표면의 미소 면적 $\Delta S[m^2]$에 의한 점 P의 전위를 $\Delta V[V]$라고 하면, 이 ΔS부분은 두 전하 $\pm\sigma\Delta S[C]$와 이들 전하 사이 거리가 $\delta[m]$인 **전기쌍극자**로 볼 수 있으므로, 식 (2.39)에 의하여

$$\Delta V = \frac{1}{4\pi\epsilon_0}\frac{(\sigma\Delta S)\delta}{r^2}\cos\theta = \frac{\sigma\delta}{4\pi\epsilon_0}\frac{\Delta S\cos\theta}{r^2}[V]$$

가 되며, $\dfrac{\Delta S\cos\theta}{r^2}$는 ΔS가 점 P에 대하여 갖는 입체각 $\Delta\omega$이므로

$$\Delta V = \frac{\sigma\delta}{4\pi\epsilon_0}\Delta\omega[V]$$

가 된다. 면 전체에 면 전하 밀도 $\sigma[C/m^2]$의 전하가 분포할 때

$$\sigma\delta = L[C/m] \qquad (2.47)$$

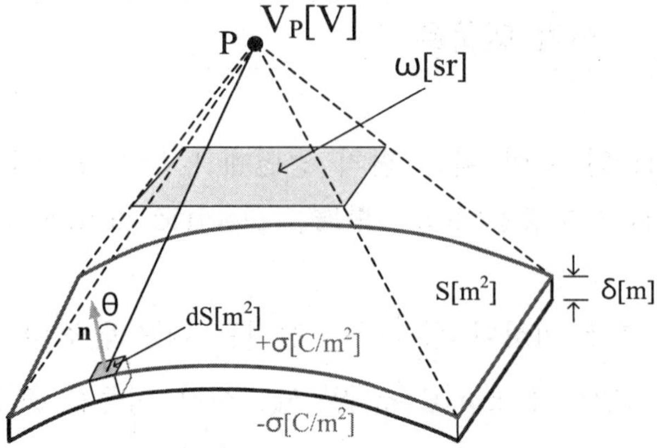

[그림 2-15] 전기 이중층

이라 놓으면 $\Delta V = \frac{L}{4\pi\epsilon_0}\Delta\omega[V]$가 된다. 따라서 점 P에서 전기 이중층을 본 전체 입체각을 ω라 하 점 P의 전위 V는 다음과 같다.

$$V = \frac{L}{4\pi\epsilon_0}\omega[V] \tag{2.48}$$

여기서, L은 전기 이중층의 단위면적당 모멘트이며, **전기 이중층의 세기**(intensity of electric double layer)라 한다.

전기 이중층에 의한 전위는 전기 이중층을 보는 입체각 ω에 의해서 정해진다. 이때 입체각 ω에는 양(+), 음(−)의 구별이 있다. 전기 이중층의 양전하 면을 볼 때는 양, 음전하 면을 볼 때는 음으로 취해야 한다. [그림 2-16]에서 점 P는 양전하 쪽에 있으므로 전위는

$$V_P = \frac{L}{4\pi\epsilon_0}\omega_1[V] \tag{2.49}$$

이며, 또 점 P′는 음의 면을 보고 있으므로

$$V_{P'} = \frac{L}{4\pi\epsilon_0}(-\omega_2)[V] \tag{2.50}$$

가 된다. 이때 점 P, P′가 이중층 양쪽에서 각 면에 무한히 접근하면 입체각의 크기는 각각 $\omega_1 = 2\pi$, $\omega_2 = 2\pi$가 되므로 두 점 간의 전위차는

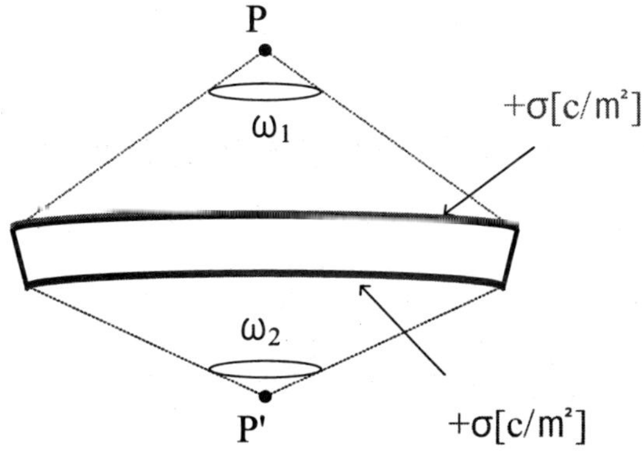

[그림 2-16] 전기 이중층 양면 상의 전위차

다음과 같이 된다.

$$V_P - V_{P'} = \frac{L}{4\pi\epsilon_0}\{\omega_1 - (-\omega_2)\}) = \frac{L}{4\pi\epsilon_0}(\omega_1 + \omega_2) \tag{2.51}$$

$$= \frac{L}{4\pi\epsilon_0}(2\pi + 2\pi)$$

$$= \frac{L}{\epsilon_0}[V]$$

[예제 2-11]

면전하 밀도 $\sigma = 3[\mu C/m^2]$, 두께 1[mm]인 반경 1[m]의 원판형 이중층의 중심축상 3[m]되는 거리에 있는 정전하를 바라보는 P점 전기의 전위를 구하라.

풀이 : $L=\sigma\cdot\delta=3\times10^{-6}\times10^{-3}=3\times10^{-9}[C/m]$

$$V=\frac{L}{4\pi\epsilon_0}\omega=\frac{L}{4\pi\epsilon_0}2\pi(1-\cos\theta)$$

$$=\frac{L}{2\epsilon_0}\left(1-\frac{x}{\sqrt{a^2+x^2}}\right)$$

$$\fallingdotseq 8.694[V]$$

[예제 2-12]

위의 전기 이중층의 양면 위의 점 P와 P′간의 전위차를 구하라.

풀이 :

$$V_P-V_P{}'=\frac{L}{4\pi\epsilon_0}(\omega_1+\omega_2)=\frac{L}{\epsilon_0}\fallingdotseq\frac{3\times10^{-9}}{8.854\times10^{-12}}\fallingdotseq 338.83[V]$$

2-10 가우스 법칙

전하분포가 복잡한 경우 점전하를 기초로 한 쿨롱의 법칙을 적용한 전계에 대한 계산은 곤란하며, 이에 따라 쿨롱의 법칙을 일반화하여 한 임의의 폐곡면에서 나오는 전기력선 수와 폐곡면 내 분포전하와의 상관성을 밝힌 가우스 법칙이 Gauss에 의해 제안되었다.

[그림 2-17]과 같이 폐곡면 내에 점전하 Q[C]가 존재할 때 폐 곡면상의 한 점 P에서 전계의 세기가 $\mathbf{E}$[V/m]이면, 점 P를 포함하는 미소 면적 dS[m^2]를 통과하는 전기력선 수 dN[lines]은 다음과 같다.

$$dN=\mathbf{E}\cdot\mathbf{n}dS=\frac{1}{4\pi\epsilon_0}\frac{Q}{r^2}\mathbf{r_0}\cdot\mathbf{n}dS=\frac{Q}{4\pi\epsilon_0}\frac{dS\cos\theta}{r^2}[lines]$$

여기서 dS는 폐곡면 S에서 취한 미소 면적, **n**은 dS상의 외향 법선 단위벡터, $d\omega = \frac{dS\cos\theta}{r^2}$ [sr]이므로 위 식은 다음과 같이 된다.

$$dN = \frac{Q}{4\pi\epsilon_0} d\omega \text{[lines]}$$

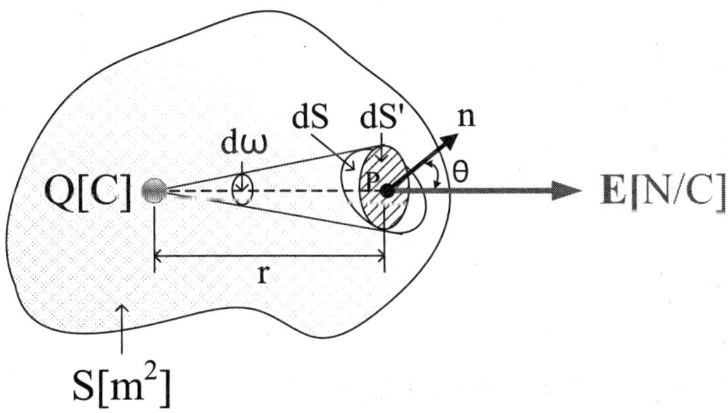

[그림 2-17] 가우스 법칙

따라서 점전하 Q[C]로부터 폐곡면 S를 통하여 발산하는 총 전기력선 수는

$$N = \iint_S \mathbf{E} \cdot \mathbf{n} dS = \frac{Q}{4\pi\epsilon_0} \iint_S d\omega = \frac{Q}{4\pi\epsilon_0} 4\pi = \frac{Q}{\epsilon_0} \text{[lines]}$$

가 되며, 가우스 법칙은 다음과 같다.

$$N = \iint_S \mathbf{E} \cdot \mathbf{n} dS = \frac{Q}{\epsilon_0} \text{[lines]} \tag{2.52}$$

이 수식은 "전계 내 임의의 폐곡면을 통하여 발산하는 전기력선 총수는 폐곡면 내 전하의 $\frac{1}{\epsilon_0}$배와 같다."를 정의하며 이것을 **가우스**

법칙이라 한다.

폐곡면 내에 전하가 점전하 Q_n[C], 선 전하 λ_n[C/m], 면 전하 σ_n[C/m^2], 공간전하 ρ_n[C/m^3]로 분포할 경우 폐곡면 내의 총 전하는 다음 식으로 표현된다.

$$Q = \sum Q_n [C]$$

$$Q = \int_L \lambda_n dl [C]$$

$$Q = \int_S \sigma_n dS [C]$$

$$Q = \int_V \rho_n dV [C]$$

폐곡면 내에 전하가 존재하지 않을 경우

$$\oint_S \mathbf{E} \cdot \mathbf{n} dS = 0 \qquad (2.53)$$

이 된다.

이 관계식은 폐곡면을 통하여 발산하는 전기력선의 총수가 0이 됨을 나타내며, 전기력선은 폐곡면에 대하여 연속적임을 의미한다.

[예제 2-13]

진공 중의 한 폐곡면 내에 $-3[\mu C]$, $-4[\mu C]$, $5[\mu C]$, $6[\mu C]$의 4개의 전하가 있을 때 이 폐 곡면을 통하여 발산하는 전기력선의 총수를 구하라.

풀이 : $N = \oint_s \mathbf{E} \cdot \mathbf{n} ds = \dfrac{Q}{\epsilon_0}$에서 MKS 단위계로 적용하면

$$N = \frac{(-3-4+5+6)\times 10^{-6}}{8.854\times 10^{-12}} = \frac{4\times 10}{8.854} \fallingdotseq 4.518\times 10^{5}[\text{lines}]$$

2-11 가우스 법칙의 계산 예

2-11-1 점대칭 전하분포

[그림 2-18]처럼 Q[C]의 전하가 반지름 a[m]인 구 대전체의 내부에 균일하게 분포되어 있다면 전하분포의 대칭성에 의해 전기력선은 방사상으로 발산할 것이다.

r(≥ a)[m]인 구대전체 외부의 전계의 세기를 구해보자. 반지름r[m]로 가정된 구면을 가우스 폐곡면으로 취하면 이를 통하여 발산되는 전기력선은 구면에 수직하며, 구 표면의 전기력선 밀도 E[lines/m^2]가 전계의 세기 E[V/m]는 크기와 같으므로 폐곡면을 통해 나가는 전 전기력선 수는 다음과 같다.

$$N = \int_S \mathbf{E}\cdot \mathbf{n}dS = \int_S E_n\, dS = E\cdot 4\pi r^2[\text{lines}]$$

이 전기력선의 총수는 가우스 법칙에 의하면 가우스 폐곡면 내의 총 전하 Q[C]의 $\frac{1}{\epsilon_0}$배와 같으므로 $E\cdot 4\pi r^2 = \frac{Q}{\epsilon_0}$가 되어 구 대전체 외부의 전계의 세기에 관한 다음 식이 주어진다.

$$E = \frac{Q}{4\pi\epsilon_0 r^2}\ [\text{V/m}] \tag{2.54}$$

$$\mathbf{E} = \frac{Q}{4\pi\epsilon_0 r^2}\mathbf{r}_0[\text{V/m}]$$

여기서 $\mathbf{r}_0$는 방사 방향(반지름 방향) 단위벡터이다.

이 결과는 중심에 점전하 Q[C]이 있는 경우의 전계의 세기와 같다. 따라서 중심대칭으로 분포된 전하에 의한 전계는 전 전하가 중심에 집중된 점전하의 경우와 같음을 알 수 있다.

구 대전체 내부의 전하 Q[C]에 의한 구 대전체 외부($r > a$[m])의 전위는 식 (2.24)와 같이 다음과 같이 나타낼 수 있다.

$$V = \frac{Q}{4\pi\epsilon_0 r} [V] \tag{2.55}$$

또한, 구 대전체 표면의 전위는 $r = a$[m]을 대입하면

$$V_{r=a} = \frac{Q}{4\pi\epsilon_0 a} [V] \tag{2.56}$$

가 된다.

구 대전체 내부의 전계의 세기는 다음과 같다.

구 내부에 반지름 $r_i < a$[m]인 가우스 폐곡면을 취하면 이 폐곡면에서 발산하는 전기력선은 폐곡면 내부 전하를 Q_i, 반지름을 r_i, 폐곡면상 전계의 세기를 E_i라 할 때 가우스 법칙을 적용하면

$$E_i = \frac{1}{4\pi\epsilon_0} \frac{Q_i}{r_i^2} [V/m] \tag{2.57}$$

가 된다. 여기서 구 대전체의 전하가 균일하게 분포되어있다면 반지름 a[m]인 구 대전체의 전하량이 Q[C]일 때 반지름 r_i[m]인 폐곡면 내 전하량 Q_i[C]는 다음과 같이 구해진다.

$$Q_i = \frac{r_i^3}{a^3} Q [C] \tag{2.58}$$

따라서 Q_i를 식(2.57)에 대입하여 풀면 전계의 세기 E_i는

$$E_i = \frac{1}{4\pi\epsilon_0}\frac{Q}{a^3}r_i\,[\mathrm{V/m}] \tag{2.59}$$

가 된다. 그러나 전하가 구 대전체 표면에만 존재한다면 $Q_i = 0$이 되어 $E_i = 0$이 되므로 구 대전체 내부에는 전계가 존재하지 않게 된다.

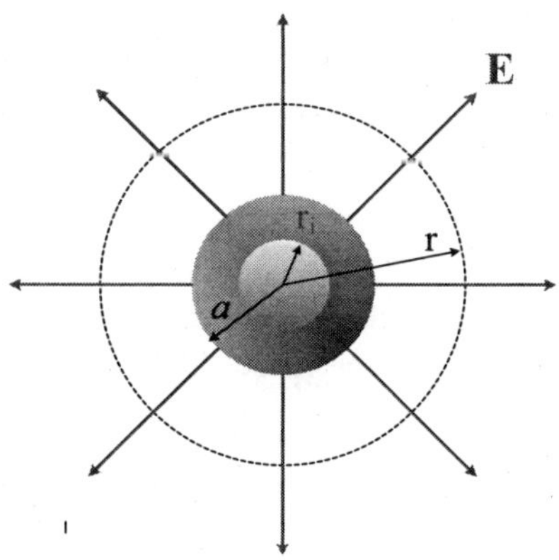

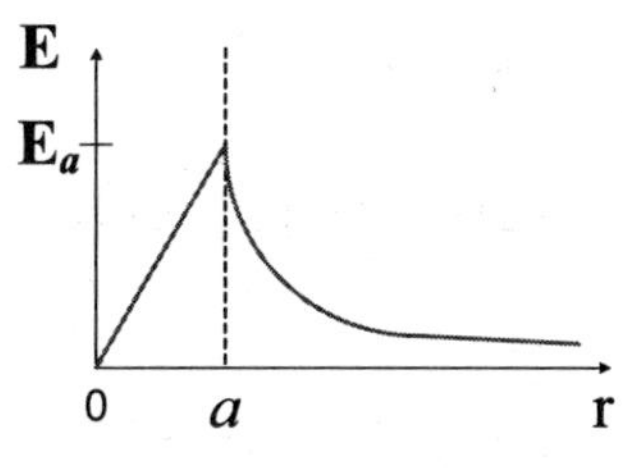

[그림 2-18] 구 대전체의 전하분포 및 전계의 세기

식 (2.54)와 식 (2.59)에 의한 구 대전체 내외부의 전계 변화를 보여주고 있는 [그림 2-18](b)로부터 구 대전체 내부의 경우 전계의 세기는 구 대전체 중심으로부터 거리에 비례하여 선형적으로 증가하나 구 대전체 표면을 지나 외부로 멀어지면 구 대전체 중심과의 거리의 제곱에 반비례하여 감소함을 알 수 있다.

[예제 2-14]

[그림 2-18]에서 구의 지름이 0.1[m]이고, Q=5[μC]의 전하가 골고루 분포되어 있을 때, 중심에서 3[cm] 떨어진 곳의 전계와 구 표면 전계를 구하라

풀이 : 1) 내부 전계

$$E_i = \frac{1}{4\pi\epsilon_0}\frac{Q}{a^3}r_i$$

$$E_i = 9\times10^9\times\frac{5\times10^{-6}}{(5\times10^{-2})^3}\times3\times10^{-2} = 1.08\times10^7[V/m]$$

2) 표면 전계

$$E = \frac{1}{4\pi\epsilon_0}\frac{Q}{a^3}r_i = \frac{1}{4\pi\epsilon_0}\frac{Q}{a^3}a = \frac{Q}{4\pi\epsilon_0 a^2}$$ 에서

$$E = 9\times10^9\times\frac{5\times10^{-6}}{(0.5)^2} = 1.8\times10^5[V/m]$$

2-11-2 축 대칭 전하분포

1) 무한장 직선 전하의 전계와 전위

[그림 2-19]는 선전하밀도 λ[C/m]로 전하가 분포된 무한히 긴 직선 도체이다. 무한히 긴 직선 전하에 의한 전계는 그림처럼 대칭성에 의하여 직선 도체의 수직인 반지름 r방향이 되며 다음과 같이 구할 수 있다.

직선 도체를 축으로 반지름 r의 원통 면을 가우스 폐곡면으로 취하여 가우스의 법칙을 적용하면

$$N = \int_S \mathbf{E}\cdot\mathbf{n}dS = \int_S EdS = E\int_S dS = E\cdot2\pi rl = \frac{\lambda l}{\epsilon_0}[lines]$$

이 되어, 전계의 세기는

$$E = \frac{1}{2\pi\epsilon_0}\frac{\lambda}{r}\,[\mathrm{V/m}] \tag{2.60}$$

가 된다.

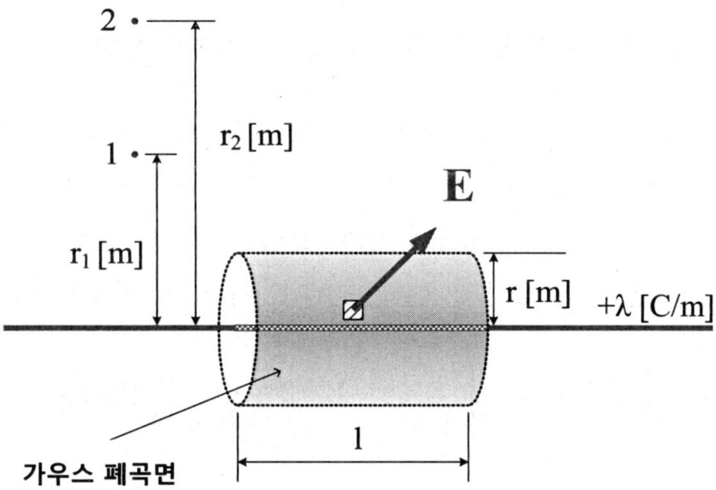

[그림 2-19] 무한히 긴 직선 전하에 의한 전계

전위차는 다음과 같다. 직선 도체에서 r_1, r_2 ($r_2 > r_1 > a$[m])에 위치한 두 점 간의 전위차 V_{12}는 식 (2.22)과 (2.60)으로 부터 다음과 같이 구해진다.

$$V_{12} = -\int_{r_2}^{r_1} \mathbf{E} \cdot d\mathbf{r} = -\frac{\lambda}{2\pi\epsilon_0}\int_{r_2}^{r_1}\frac{1}{r}dr = \frac{\lambda}{2\pi\epsilon_0}\ln\frac{r_2}{r_1}\,[\mathrm{V}] \tag{2.61}$$

2) 무한장 원주형 대전체의 전계

선전하가 분포된 무한장 직선 도체가 부피가 있는 원주일 때 도체 내 외부의 전계의 세기는 다음과 같다.

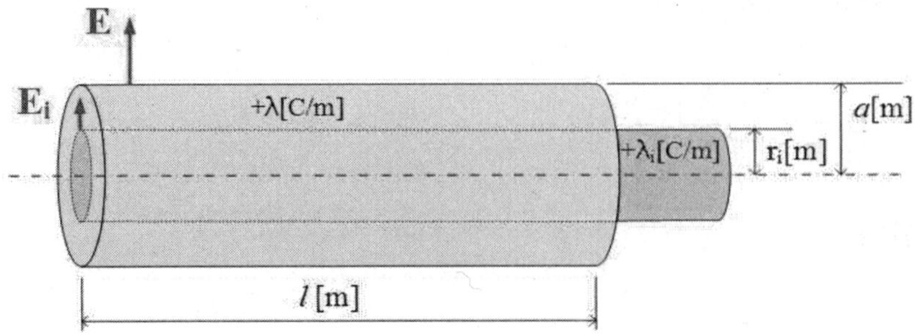

[그림 2-20] 무한히 긴 원주 대전체의 직선 전하에 의한 전계

[그림 2-20]과 같이 선전하밀도 λ[C/m]가 반지름 a[m]의 무한장 원주 대전체에 균일하게 분포되어 있을 때, 도체 외부의 전계를 구하기 위하여 반지름 $r > a$[m], 길이 l[m]의 원통 면을 가우스 폐곡면으로 취하면 폐 곡면내의 전하는 λl[C]가 되며 가우스 법칙은

$$N = \int_S \mathbf{E} \cdot \mathbf{n} dS = \int_S E_n dS = E \cdot 2\pi r \cdot l = \frac{\lambda l}{\epsilon_0} [\text{lines}]$$

이 되며, 따라서 전계 E[V/m = lines/m²]에 대해 정리하면

$$E = \frac{1}{2\pi\epsilon_0} \frac{\lambda}{r} [\text{V/m}] \tag{2.62}$$

가 된다. 따라서 무한히 긴 직선도체의 경우와 같음을 알 수 있다.

무한장 원주 대전체 내부의 전계는 반지름 $r_i < a$[m], 길이 l[m]의 원통 면을 가우스 폐곡면으로 취하여 가우스 법칙을 적용하여 구한다. 가우스 폐 곡면내의 전하가 $\lambda_i l$[C]이므로 가우스 폐곡면(원통면)상 전계 E_i[V/m = lines/m²]는

$$E_i 2\pi r_i l = \frac{\lambda_i l}{\epsilon_0} [\text{lines}]$$

$$E_i = \frac{1}{2\pi\epsilon_0}\frac{\lambda_i}{r_i}[V/m] \tag{2.63}$$

가 되며, 이때 $\lambda_i = \frac{r_i^2}{a^2}\lambda[C/m]$이므로,

식(2.64)에 대입하면 전계 $E[V/m = lines]$는 다음과 같다.

$$E_i = \frac{1}{2\pi\epsilon_0}\frac{\lambda}{a^2}\lambda_i[V/m] \tag{2.64}$$

[예제 2-15]

3개의 동축 원통이 있다. 반경이 1[m], 2[m], 3[m]이고, 각 원통의 전하밀도는 $\sigma_1 = 2[C/m^2]$, $\sigma_2 = -3[C/m^2]$, $\sigma_3 = 4[C/m^2]$ 이다. 축에서 3[m]되는 곳의 전계를 구하여라.

풀이 : 각 원통의 단위 길이 1[m]당 전하는

$$\lambda_1 = \sigma_1 \times 2\pi \times 1 \times 1 = 2\pi\sigma_1 = 4\pi[C/m]$$

$$\lambda_2 = \sigma_2 \times 2\pi \times 2 \times 1 = 4\pi\sigma_2 = -12\pi[C/m]$$

$$\lambda_3 = \sigma_3 \times 2\pi \times 3 \times 1 = 6\pi\sigma_3 = 24\pi[C/m]$$

$$\lambda = \lambda_1 + \lambda_2 + \lambda_3 = 16\pi[C/m]$$

전계의 세기는

$$E = \frac{\lambda}{2\pi\epsilon_0 r} = 2 \times 9 \times 10^9 \times \frac{16\pi}{3} = 96\pi \times 10^9[V/m]$$

[예제 2-16]

내부 도체의 반경 1[m], 외부 도체의 반경 2[m]인 동축 원통 도체가 있다. 내부 도체에 선 전하밀도 3[μC/m]가 분포되어있을 때, 두 도체 간의 전위차를 구하여라.

풀이 : 외부 도체에는 $-3[\mu C/m]$의 선 전하밀도가 유도되며

$$V_{ab} = -\int_b^a \frac{\lambda}{2\pi\epsilon_0 r} dr = \frac{\lambda}{2\pi\epsilon_0} \ln\frac{b}{a}$$

$$V = \frac{3\times10^{-6}}{2\pi\epsilon_0} \times \ln\frac{2}{1} = 2\times9\times10^9\times3\times10^{-6}\times\ln2 = 37.422[kV]$$

2.11.3 평판 전하분포에 의한 전계

1) 평판 상 전계의 세기

무한히 넓은 평판에 면 전하밀도 $\sigma[C/m^2]$로 전하가 분포되어 있을 경우 전기력선은 대칭성으로 인해 평판 표면에서 수직으로 발산한다. 따라서 [그림 2-21]처럼 가우스 폐곡면으로 평판 표면에 수직한 원통을 취하여 가우스 법칙을 적용하면 전기력선은 원통의 상하면을 통하여 발산하게 되며 발산하는 총 전기력선 수는 다음과 같다.

$$N = \int_S \mathbf{E} \cdot \mathbf{n} dS = E \cdot 2S = \frac{1}{\epsilon_0}\sigma S[lines]$$

따라서 평판상 전계의 세기는

$$E = \frac{1}{2\epsilon_0}\sigma[V/m] \qquad (2.65)$$

가 된다. 전계는 평판 상의 위치와 관계없이 크기와 방향이 일정함을 알 수 있으며 이를 **평등 전계**라 부른다.

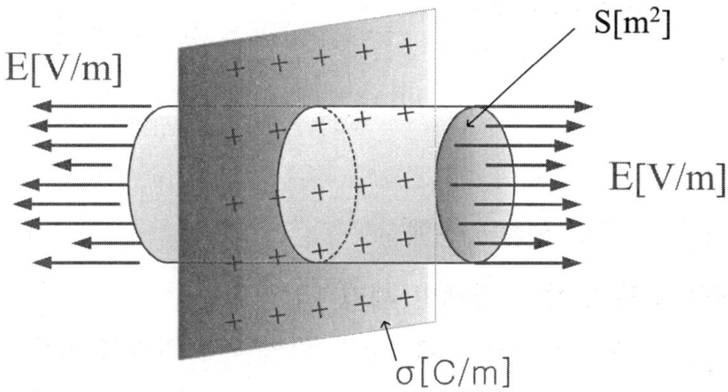

[그림 2-21] 평판 전하

2) 평판 상 전위차

도체 평판 상에서 거리 r_1, r_2[m] 떨어진 두 점의 전위차는

$$V_{r_1 r_2} = -\int_{r_2}^{r_1} E \cdot dl = \frac{\sigma}{2\epsilon_0}\int_{r_1}^{r_2} dl = \frac{\sigma}{2\epsilon_0}[l]_{r_1}^{r_2}$$

$$= \frac{\sigma}{2\epsilon_0}(r_2 - r_1)\,[V = J/C] \qquad (2.66)$$

이 된다.

[예제 2-17]

면 전하밀도가 σ[C/m^2]인 대전 평판으로부터 거리가 1[mm], 2[mm] 떨어진 두 점 간의 전위차가 100[V]이면 σ는 얼마인가?

풀이 : 대전도체 평면 상 두 점의 전위차는 $V = \frac{\sigma}{2\epsilon_0}(r_2 - r_1)$이므로

$\sigma = \frac{V \cdot 2\epsilon_0}{r_2 - r_1}$이며

$$\therefore \sigma = \frac{100 \times 2 \times 8.855 \times 10^{-12}}{(2-1)10^{-3}} = 17.708 \times 10^{-7}[\mathrm{C/m^2}]$$

$$= 1.7708[\mu\mathrm{C/m^2}]$$

2.11.4 대전 도체 면상의 전계

1) 대전 도체 면상의 전계의 세기

대전 된 도체의 전하는 상호 간의 반발력에 의하여 표면으로 밀려나 정지하게 되는데, 이렇게 정지된 전하분포에 의한 전계를 **정전계**라 부른다. 정전계 상태에서는 대전 된 도체 내부에는 전하가 존재하지 않으므로 도체 내부의 전계는 0이 된다. 또한, 도체 표면은 한 개의 등전위면이 되며, 발산하는 전기력선은 도체 표면에 수직하게 된다.

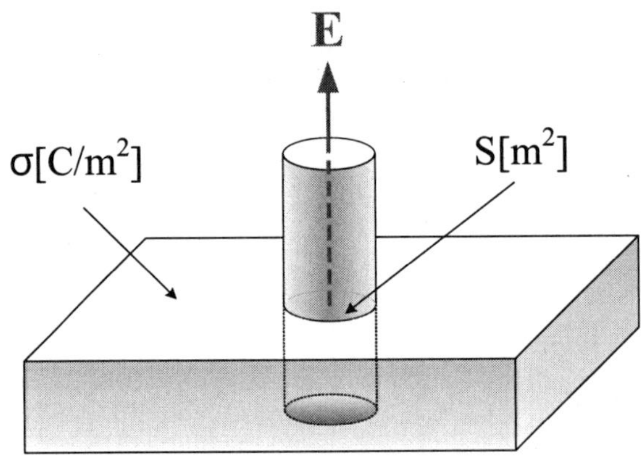

[그림 2-22] 도체 표면의 전계

도체 표면의 전하밀도를 $\sigma[\mathrm{C/m^2}]$, 표면에 무한히 접근한 도체 표면상의 전계의 세기를 E라 할 때, [그림 2-22]과 같이 표면에 수직된 원통을 가우스 폐곡면으로 취하여 가우스의 법칙을 적용하면

$$N=\int_S \mathbf{E}\cdot\mathbf{n}dS=\int_S EdS=ES=\frac{Q}{\epsilon_0}=\frac{\sigma S}{\epsilon_0}\,[\text{lines}]$$

가 되며, 따라서 전계의 세기 E에 대하여 정리하면 다음과 같다.

$$E=\frac{\sigma}{\epsilon_0}\,[\text{V/m}]$$

$$\mathbf{E}=\frac{\sigma}{\epsilon_0}\mathbf{n}\,[\text{V/m}] \tag{2.67}$$

여기서, **n**은 도체 표면의 법선벡터이다.

2) Coulomb의 정리

만일 도체 표면 전위가 V[V]일 때 전계는 표면에 수직으로 발산하며 도체 표면의 외향 법선벡터를 **n**이라 하면 전계의 세기는 식(2.36)으로부터

$$E=-\frac{\partial V}{\partial n}=\frac{1}{\epsilon_0}\sigma\,[\text{V/m}] \tag{2.68}$$

$$\mathbf{E}=-\frac{\partial V}{\partial n}=\frac{1}{\epsilon_0}\sigma\mathbf{n}\,[\text{V/m}]$$

이 된다. 이 관계식은 대전 도체 표면의 전계를 구하는 데 이용되며, **Coulomb의 정리**라 한다.

2.11.5 평판 도체 사이의 전계

1) 평판 도체 사이의 전계의 세기

[그림 2-23]와 같이 두 장의 평판 도체 A, B사이의 전계의 세기를 구하면 다음과 같다. 평판 도체에 대전 된 평면 전하밀도 및 전계의 세기는 A판은 $+\sigma[\text{C/m}^2]$와 E_A, B판은 $-\sigma[\text{C/m}^2]$와 E_B이다.

A, B판 사이에서 작용하는 전계는 식(2.66)에 의하여 다음과 같다.

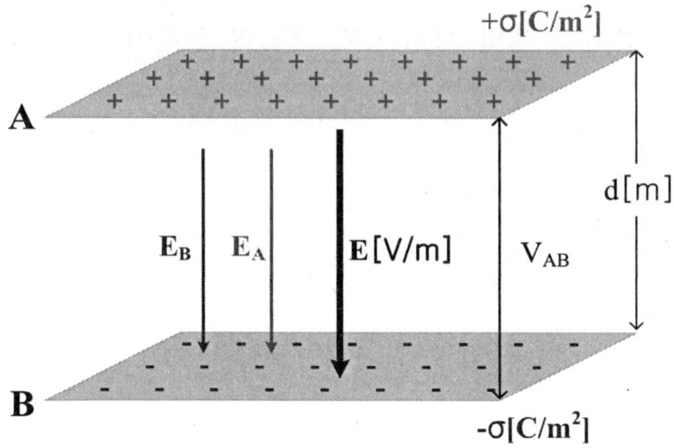

[그림 2-23] 두 평판 도체 사이의 전계

A판 전계의 세기 : $E_A = \frac{\sigma}{2\epsilon} > 0[V/m]$ (반발력)

B판 전계의 세기 : $E_B = \frac{\sigma}{2\epsilon} < 0[V/m]$ (흡인력)

따라서 A, B의 두 판 사이에서 전계는 방향이 같으므로

$$E = E_A + E_B = \frac{\sigma}{2\epsilon_0} + \frac{\sigma}{2\epsilon_0} = \frac{\sigma}{\epsilon_0}[V/m] \tag{2.69}$$

가 된다.

2) 평판 도체 사이 전위차

평판 도체 A, B간의 전위차 V_{ab}는 단위정전하 $+1[C]$을 B에서 A까지 이동하는데 필요한 에너지이므로

$$V_{AB} = -\int_B^A E \cdot dl = -\int_d^0 E \cdot dl = \frac{\sigma}{\epsilon}\int_0^d dl = Ed[V]$$이 되며

따라서 전위차 V_{ab}는 다음과 같다.

$$V_{AB} = Ed[V] \tag{2.70}$$

[예제 2-18]

직경 200[mm]의 도체 구에 4×10^{-8}[C]의 전하를 주었을 때 도체 표면의 전하밀도 및 전계, 도체 표면에서 2[m] 떨어진 곳의 전계 및 전위를 구하라.

풀이 : 반경 $a = 100[mm] = 100\times10^{-3}[m] = 10^{-1}[m]$

도체 표면의 면 전하밀도 $\sigma[C/m^2]$

$$\sigma = \frac{Q}{S} = \frac{4\times10^{-8}}{4\pi a^2} = \frac{4\times10^{-8}}{4\pi\times(0.1)^2} \fallingdotseq 0.318\times10^{-6}[C/m^2]$$

$$= 0.318[\mu C/m^2]$$

표면 전계 $E_a = \frac{\sigma}{\epsilon_0} = \frac{0.318\times10^{-6}}{8.854\times10^{-12}} \fallingdotseq 35916[V/m]$

외부 전계 $E = \frac{Q}{4\pi\epsilon_0 r^2} = 9\times10^9\times\frac{4\times10^{-8}}{(2)^2} = 90[V/m]$

외부 전위 $V = \frac{Q}{4\pi\epsilon_0 r} = 9\times10^9\times\frac{4\times10^{-8}}{2} = 180[V]$

2-12 대전 도체 표면의 정전 응력

도체에 주어진 전하는 표면에만 분포하며, 분포된 후에도 쿨롱의 정리로 표현되는 전계에 의해 대전 도체 표면의 전하는 외부로 향하는 일종의 응력이 작용하는데 이것을 **정전 응력**(electro static stress)이라 한다.

[그림 2-24](a)에서와 같이 표면 전하밀도 $\sigma[\mathrm{C/m^2}]$로 대전 된 도체 표면 점 P의 전계는 $\mathrm{E}=\dfrac{\sigma}{\epsilon_0}[\mathrm{V/m}]$가 된다. 점 P부근에 $\Delta\mathrm{S}[\mathrm{m^2}]$의 미소 표면을 취하고 E를 ΔS부분에 의한 전계 E_1과 ΔS이외 부분에 의한 전계 E_2로 분리하여 생각하면, 점 P의 대칭점을 P′라 할 때 [그림2-24](b)에서처럼 ΔS부분의 전하분포에 의한 전계는 점 P의 전계가 E_1일 때 점 P′의 전계가 $-\mathrm{E}_1$이 되어 크기는 같지만, 방향이 반대가 되며, [그림2-24](c)에서 처럼 ΔS이외 부분의 전하분포에 의한 전계는 점 P와 점 P′의 전계가 E_2로 크기와 방향이 같을 것이다.

따라서 점 P의 전계의 세기는

$$\mathrm{E}=\mathrm{E}_1+\mathrm{E}_2=\frac{\sigma}{\epsilon_0}[\mathrm{N/C}] \tag{2.71}$$

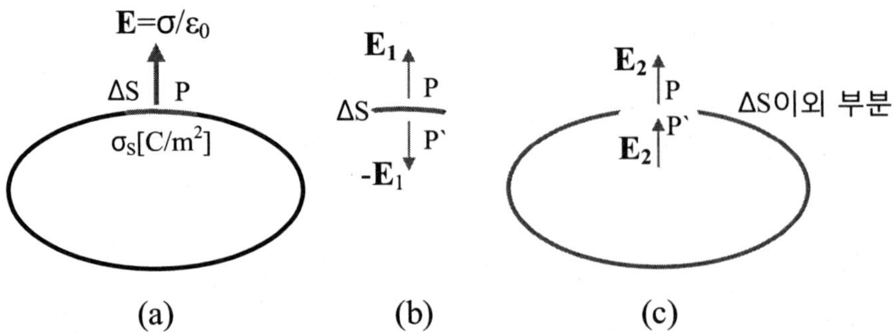

[그림 2-24] 정전 응력

가 되며, 점 P′는 도체 내부에 있으므로

$$-E_1 + E_2 = 0 \tag{2.72}$$

이 된다. 그러므로

$$E_2 = \frac{\sigma}{2\epsilon_0} \tag{2.73}$$

가 되므로, ΔS를 제외한 부분의 전하에 의하여 ΔS의 전하 $\sigma \Delta S$가 받는 힘은

$$\Delta F = (\sigma \Delta S) E_2 = \frac{1}{2}\frac{\sigma^2}{\epsilon_0}\Delta S[N] \tag{2.74}$$

가 되며, 따라서 대전 도체 표면의 단위면적에 작용하는 정전 응력은

$$f = \frac{1}{2}\frac{\sigma^2}{\epsilon_0} = \frac{1}{2}\epsilon_0 E^2 [N/m^2] \tag{2.75}$$

가 얻어진다.

이 힘은 σ^2이나 E^2에 비례하므로 대전 전하의 정부에 관계없이 항상 정(+)으로 외부로 향한다. 또한, 전계 E의 크기가 공기의 절연 내력인 3×10^6[V/m]이상으로 커지면 코로나 방전이 발생한다.

[예제 2-19]

반지름 a[m]인 도체 구에 전하 Q[C]이 있을 때 표면에 작용하는 정전 응력[N/m^2]은 얼마인가?

풀이 : $f=\frac{\sigma^2}{2\epsilon_0}=\frac{1}{2}\epsilon_0 E^2=\frac{1}{2}\epsilon_0\left(\frac{Q}{4\pi\epsilon_0 a^2}\right)^2=\frac{1}{2}\epsilon_0\left(\frac{Q^2}{16\pi^2\epsilon_0^2 a^4}\right)$

$$=\frac{Q^2}{32\epsilon_0\pi^2 a^4}\,[N/m^2]$$

2-13 전기력선의 발산 정리

'임의의 폐곡면내의 단위 체적에서 발산하는 전기력선의 체적에 대한 총합은 이 체적의 전 폐곡면을 통하여 유출하는 양과 같다.' 이 관계를 **전계의 발산 정리**(divergence theorem), 또는 **가우스 선속 정리**라 한다.

[그림 2-25]에서 체적 전하밀도 $\rho[C/m^3]$의 전하가 분포된 미소 체적 $\Delta v[m^3]$를 폐곡면 S가 둘러싸고 있으며 이 폐곡면 S내의 전하는 $\rho\Delta v[C]$이다. 폐곡면 S에 가우스 법칙을 적용하면

$$\int_S \mathbf{E}\cdot\mathbf{n}dS=\int_S E_n dS=\frac{\rho\Delta v}{\epsilon_0}\,[\text{lines}] \tag{2.76}$$

가 된다. 여기서 체적 Δv를 0에 가깝게 극히 작게 취하면 폐곡면 S를 뚫고 발산하는 전기력선 수는

$$\lim_{\Delta v\to 0}\frac{1}{\Delta v}\int_S \mathbf{E}\cdot\mathbf{n}dS=\int_S E_n dS=\frac{\rho}{\epsilon_0}$$

이며, 이것을 전계 **E**의 발산이라 한다. 또한, 식 (1.27)을 적용하면

$$\text{div}\mathbf{E}=\nabla\cdot\mathbf{E}=\frac{\rho}{\epsilon_0}\,[\text{lines}/m^3] \tag{2.77}$$

가 얻어진다. 이 식은 '단위 체적에서 발산되는 전력선수는 전하밀도의 $\frac{1}{\varepsilon_0}$배와 같다'를 의미하며, 이것을 **가우스 법칙의 미분형**(point form of Gauss's law)이라고 한다.

만약 전하가 존재하지 않으면 $\rho = 0$이므로

$$\text{div}\mathbf{E} = 0\,[\text{lines/m}^3] \tag{2.78}$$

이 된다. 이것은 전하가 없는 곳에서는 전기력선이 새로이 발생하지 않음을 의미한다. 즉 전기력선이 연속적임을 의미하기도 한다.

식 (2.76)은 식 (2.78)에 의해

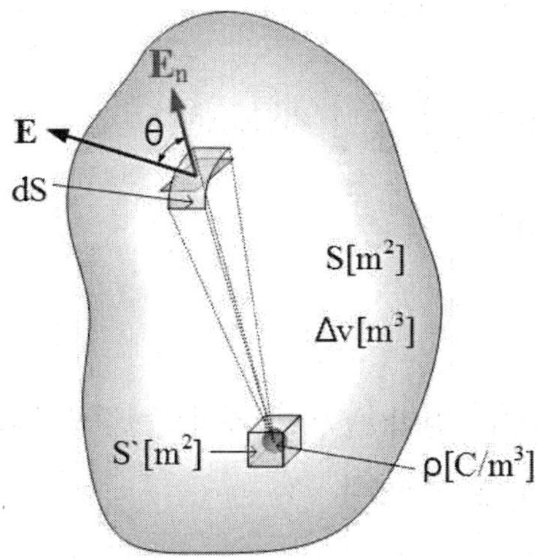

[그림 2-25] 폐곡면에서 발산하는 전기력선

$$\int_S \mathbf{E} \cdot \mathbf{n}dS = \text{div}\mathbf{E} \cdot \Delta v \tag{2.79}$$

로 표현된다. 양변을 전 체적에 대하여 합(적분)하면 좌변은 각 미소 체적의 표면에서 외부로 발산하는 전기력선의 전 체적에 대한 합이 된다. 여기서 인접한 두 미소 체적이 서로 접하고 있을 때 경계면 양측에서 발산하는 전기력선의 방향이 서로 반대가 되어 상호 상쇄되기 때문에 폐곡면 내부에 있는 각 미소 체적 표면 S′에 대한 전기력선의 총합은 0이 되고 폐 곡면상의 표면적 S를 통하여 발산하는 전기력선만 남게 되어 다음 식과 같이 된다.

$$\sum\int_{S'}\mathbf{E}\cdot\mathbf{n}dS=\iint_{S}\mathbf{E}\cdot\mathbf{n}dS \tag{2.80}$$

또한, 우변은 전 체적에 대하여 적분하면(합하면)

$$\sum\lim_{\Delta v\to 0}\mathrm{div}\mathbf{E}\cdot\Delta v=\iiint_{v}\mathrm{div}\mathbf{E}dv \tag{2.81}$$

가 된다. 따라서 전 체적에 대해서

$$\int\int\mathbf{E}\cdot\mathbf{n}dS=\int\int\int\mathrm{div}\mathbf{E}dv \tag{2.82}$$

의 관계가 성립한다.

[예제 2-20]

전계 $\mathbf{E}=2xy\mathbf{i}+x^2\mathbf{j}+3yz\mathbf{k}$[V/m]로 주어지는 진공 중의 점 P(2, 3, 4)[m]의 전하밀도 ρ[C/m^3]를 구하여라.

풀이 : $\mathrm{div}\mathbf{E}=\nabla\cdot\mathbf{E}=\dfrac{\rho}{\epsilon_0}$[lines/m^2]에서

$$\nabla\cdot\mathbf{E}=\frac{\partial}{\partial x}(2xy)+\frac{\partial}{\partial y}(x^2y^2)+\frac{\partial}{\partial z}(3yz^2)$$

$$=2y+2x^2y+6yz$$

$$=\frac{\sigma}{\epsilon_0}$$

$$\therefore\ \rho(2,3,4) = 8.854\times10^{-12}\times(2\times3+2\times2^2\times3+6\times3\times4)$$
$$= 8.854\times10^{-12}\times102$$
$$= 903.108\times10^{-12}[\mathrm{C/m^3}] = 903.108[\mathrm{pC}]$$

2-14 푸아송 및 라플라스 방정식

전하분포가 매우 복잡한 경우 미분방정식을 세우고 전위함수를 구한 다음 전계를 해석하는 방법이다.

공간전하 밀도 $\rho[\mathrm{C/m^3}]$에서 발산하는 전계는

$$\mathrm{div}\mathbf{E} = \nabla\cdot\mathbf{E} = \frac{\rho}{\mathrm{E}}$$

가 되며, 전계는 전위와 관계는 다음과 같다.

$$\mathbf{E} = -\mathrm{grad}V$$

따라서 위의 두 식으로부터

$$\mathrm{div}\cdot\mathrm{grad}V = \nabla\cdot(\nabla V) = \nabla^2 V = -\frac{\rho}{\epsilon_0}$$

$$\nabla^2 V = -\frac{\rho}{\epsilon_0} \qquad (2.83)$$

이 식은 공간전하 분포에 의해 전하가 분포된 공간 내 임의 점의 전위를 결정하는 2차 미분방정식으로 **푸아송의 방정식**이라 한다.

반면에 전하가 존재하지 않는 곳, 즉 전하분포 영역 밖의 한 점의 전위를 구할 때는 $\rho=0$이 되어 식(2.83)은

$$\nabla^2 V = 0 \tag{2.84}$$

와 같이 되는데 이 식을 **라플라스의 방정식**이라 한다.

여기서 ∇^2은 2차 미분 연산자로 **라플라시안**(Laplacian)이라 하며 다음과 같이 표기된다.

$$\nabla^2 = \frac{\partial^2}{\partial x^2} + \frac{\partial^2}{\partial y^2} + \frac{\partial^2}{\partial z^2} \tag{2.85}$$

라플라시안을 이용하여 라플라스 및 푸아송의 방정식을 직각좌표계로 표시하면 다음과 같다.

$$\frac{\partial^2 V}{\partial x^2} + \frac{\partial^2 V}{\partial y^2} + \frac{\partial^2 V}{\partial z^2} = -\frac{\rho}{\epsilon_0} \tag{2.86}$$

$$\frac{\partial^2 V}{\partial x^2} + \frac{\partial^2 V}{\partial y^2} + \frac{\partial^2 V}{\partial z^2} = 0 \tag{2.87}$$

[예제 2-21]

자유공간에서 $D = \epsilon_0(2x^2 + 16x)\mathbf{i}\,[C/m^2]$인 전계가 있을 때, 전하가 없는 곳의 x평면의 값과 $x = 3[m]$의 전하밀도 $\rho[C/m^3]$를 구하라

풀이 : $D = \epsilon_0 E$에서 $E = (2x^2 + 16x)\mathbf{i}$이고,

$E = -\mathrm{grad}V = -\nabla V$이므로

$$(2x^2 + 16x)\mathbf{i} = -\left(\frac{\partial V}{\partial x}\mathbf{i} + \frac{\partial V}{\partial y}\mathbf{j} + \frac{\partial V}{\partial z}\mathbf{k}\right) = -\frac{\partial V}{\partial x}\mathbf{i}$$

$$\therefore V = -\int (2x^2 + 16x)dx = -\left(\frac{2}{3}x^3 + 8x^2\right) + C$$

전하가 없는 곳은 라플라스 방정식 $\nabla^2 V = 0$을 만족해야 함으로

$$\left(\frac{\partial^2}{\partial x^2}+\frac{\partial^2}{\partial y^2}+\frac{\partial^2}{\partial z^2}\right)V=\frac{\partial^2}{\partial x^2}\left\{-\left(\frac{2}{3}x^3+8x^2\right)\right\}=-(4x+16)=0$$

$\therefore x=4[m]$

전하가 있는 곳에서는 푸아송방정식 $\nabla^2 V=-\dfrac{\rho}{\epsilon_0}$를 만족해야 하므로

$$-(4x+16)=-\frac{\rho}{\epsilon_0}$$

$\therefore \rho=(4x+16)\epsilon_0$

$x=3[m]$일 때, $\rho_{x=3}=8\epsilon_0[C/m^3]$

제 3 장

정전용량과 유전체

3-1 정전용량

도체가 전하를 저장할 수 있는 능력을 그 도체의 **정전용량**(靜電容量 : electrostatic capacity or capacitance)이라 한다.

전기적으로 고립된 도체에 전하 Q[C]를 주었을 때 전위가 V[V]만큼 상승하였다면 정정용량 C는

$$C = \frac{Q}{V}[F] \tag{3.1}$$

가 되며, 단위는 [C/V]나 이것을 [F](farad : 패럿)으로 쓴다.

1[V]가 주어졌을 때 1[C]의 전하가 축척되는 용량을 1[F](farad)라 한다. 즉,

$$1[F] = \frac{1[C]}{1[V]} \tag{3.2}$$

가 된다.

그러나 정전용량의 단위 1[F]은 매우 크기 때문에, 보조 단위로 $1[\mu F] = 10^{-6}[F]$, $1[nF] = 10^{-9}[F]$, $1[pF] = 10^{-12}[F]$을 사용한다.

또한, 정전용량은 **커패시턴스**(capacitance), 정전용량의 역수는 **엘라스턴스**(elastance)라고 부른다.

두 개의 도체 사이의 정전용량 계산은 다음과 같다.

두 도체가 접근해 있을 때 도체 A의 전하가 +Q[C], 도체 B의 전하가 −Q[C]이고 전위가 각각 V_A, V_B일 때 두 도체 간의 정전용량은

$$C = \frac{Q}{V_{AB}} = \frac{Q}{V_A - V_B}[F] \tag{3.3}$$

가 되며, 도체 간 전위차에 반비례한다.

정전용량은 두 도체를 서로 마주 보게 한 후 두 도체 사이의 전위차를 이용하여 크게 할 수 있으며, 보통 커패시터는 이 원리를 이용하여 큰 정전용량을 얻는다. 이처럼 두 개의 도체 사이에 특정한 정전용량을 갖도록 만든 장치를 **콘덴서**, **축전지**, 또는 **커패시터**(capacitor)라 한다.

[예제 3-1]

각각 $+5[\mu\mathrm{C}]$, $-5[\mu\mathrm{C}]$의 전하로 충전된 두 도체가 마주 보고 있고, 두 도체 간의 전위차가 $10[\mathrm{V}]$일 때, 두 도체 사이의 정전용량을 구하여라.

풀이 : $\mathrm{C}=\dfrac{\mathrm{Q}}{\mathrm{V_A}-\mathrm{V_B}}$이므로

$$\mathrm{C}=\frac{5\times10^{-6}}{10}=\frac{1}{2}\times10^{-6}[\mathrm{C}]=0.5[\mu\mathrm{C}]$$

3-2 정전용량의 계산

3-2-1 구 도체

[그림 3-1]과 같이 진공 중에 대전 된 구 도체가 있다. 이 구 도체의 반지름을 $a[\mathrm{m}]$, 전하량을 $\mathrm{Q}[\mathrm{C}]$라 할 때 구 도체 표면의 전위 $\mathrm{V}[\mathrm{V}]$는 다음과 같다.

$$\mathrm{V}=\frac{\mathrm{Q}}{4\pi\epsilon_0 a}[\mathrm{V}] \tag{3.4}$$

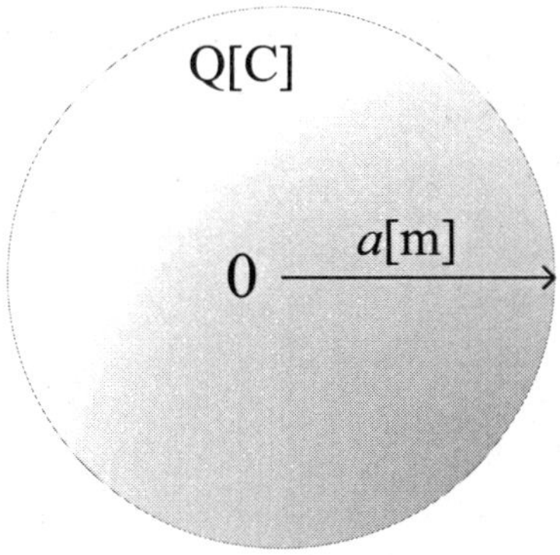

[그림 3-1] 구 도체

따라서 이 구 도체의 정전용량은 식(3.1)로부터

$$C = \frac{Q}{V} = \frac{Q}{\frac{Q}{4\pi\epsilon_0 a}} = 4\pi\epsilon_0 a\,[F] \tag{3.5}$$

가 되며, 고립된 구 도체의 정전용량은 구의 반지름에 비례한다.

[예제 3-2]

지구를 반경 약 6400[km]의 구 도체로 생각할 수 있는데, 그 정전용량을 구하라.

풀이 : $C = 4\pi\varepsilon_0 a = \frac{1}{9\times10^9}\times6400\times10^3 = 711\times10^{-6}[F] = 711[\mu F]$

3.2.2 동심 구 도체

[그림 3-2]는 내구와 외구의 중심이 같은 동심 구도체이다. 내구 반지름 a[m], 외구 반지름 b[m]인 동심 구도체 사이에 유전율 ϵ[F/m]의 유전체가 채워졌을 때의 정전용량은 다음과 같다.

내구에 +Q[C]의 전하를 주면, 내구와 외구 사이에 전기력선은 내

구 표면으로부터 방사상으로 나와 외구의 안쪽에서 끝나며, 외구에 $-Q$[C]의 전하가 유도된다.

내구와 외구의 사이에 있는 반지름 r[m]인 점의 전계의 세기 E_r은 다음과 같다.

$$E_r = \frac{Q}{4\pi\epsilon r^2} [V/m]$$

내구와 외구 도체 간의 전위차 V_{ab}는

$$V_{AB} = -\int_b^a E_r \cdot dr = -\int_b^a \frac{Q}{4\pi\epsilon r^2} dr = \frac{Q}{4\pi\epsilon}\left(\frac{1}{a} - \frac{1}{b}\right) [V]$$

가 된다.

위 식을 식(3.3)에 대입하면 동심 구도체 정전용량 C[F]은

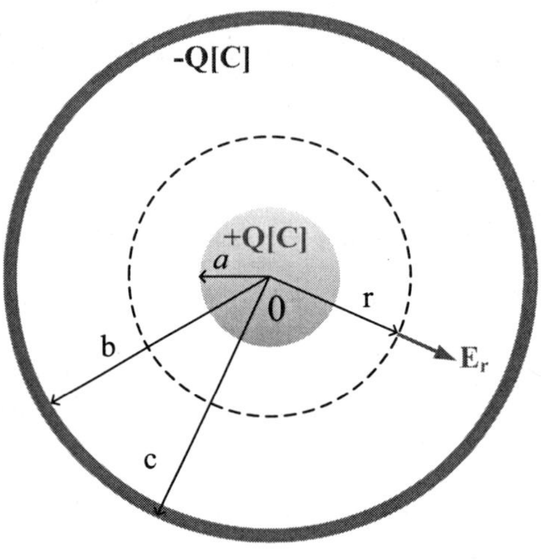

[그림 3-2] 동심 구도체

$$C = \frac{Q}{V_{AB}} = 4\pi\epsilon\left(\frac{ab}{b-a}\right) [F] \tag{3.6}$$

이다. 내외구 사이 공간이 공기로 채워졌다면 정전용량은

$$C = 4\pi\epsilon_0\left(\frac{ab}{b-a}\right)[F] \tag{3.7}$$

가 된다.

[예제 3-3]

내구 반경 1[cm], 외구의 내반경과 외반경이 2[cm], 4[cm]2인 동심 구 도체의 정전용량을 구하라.

풀이 : $C = 4\pi\varepsilon_0\left(\frac{ab}{b-a}\right)$에서

$a = 10^{-2}[m]$, $b = 2\times10^{-2}[m]$이므로

$$C = \frac{1}{9\times10^9}\times\frac{(10^{-2}\times2\times10^{-2})}{(2\times10^{-2}-10^{-2})} \fallingdotseq 0.22\times10^{-11}[F] = 2.2[pF]$$

3.2.3 동축 원통 도체

[그림 3-3]은 내원통 반지름 a[m], 외원통 안 반지름 b[m], 그 사이가 공기로 채워진 무한히 긴 동축 원통 도체이다. 내원통과 외원통에 각각 $+\lambda$[C/m], $-\lambda$[C/m]의 선전하가 분포된 동축 원통 도체의 단위 길이당 정전용량은 다음과 같다.

내원통 도체와 외원통 도체 사이에 있는 반지름 r[m]인 점의 전계의 세기 E_r은 다음과 같다.

$$E_r = \frac{\lambda}{2\pi\epsilon_0 r}[V/m]$$

내외 원통 도체 간 전위차 V_{ab}는 다음과 같다.

$$V_{ab} = -\int_b^a \mathbf{E}\cdot dr = -\frac{\lambda}{2\pi\epsilon_0}\int_b^a \frac{1}{r}dr = -\frac{\lambda}{2\pi\epsilon_0}[\ln r]_b^a$$

$$= \frac{\lambda}{2\pi\epsilon_0} ln\frac{b}{a}[V]$$

따라서, 위 식을 식 (3.3)에 대입하면 동축 원통 도체 내외 원통 사이의 단위 길이당 정전용량은 다음과 같다.

$$C = \frac{\lambda}{V_{ab}} = \frac{\lambda}{\frac{\lambda}{2\pi\epsilon_0}\ln\frac{b}{a}} = \frac{2\pi\epsilon_0}{\ln\frac{b}{a}}\,[F/m] \tag{3.8}$$

만약 동축 원통 도체의 길이가 l[m]일 때 정전용량 C_l은

$$C_l = C \cdot l = \frac{2\pi\epsilon_0}{\ln\frac{b}{a}}\,l\,[F] \tag{3.9}$$

이 된다.

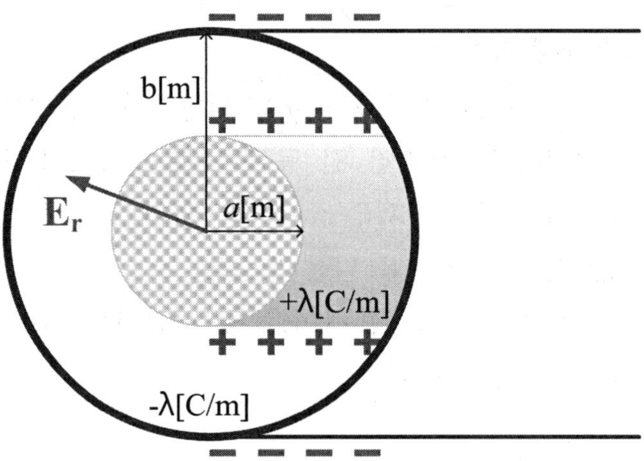

[그림 3-3] 동축 원통 도체

[예제 3-4]

내원통 반지름 $a = 10$[cm], 외원통 반지름 $b = 20$[cm]인 무한히 긴 동축 원통 도체의 단위 길이당 정전용량을 계산하라.

풀이 :

내원통, 외원통에 $+\lambda$[C/m], $-\lambda$[C/m]의 전하가 분포한다면 단위 길이당 정전용량 C_0는

$$C_0 = \frac{2\pi\epsilon_0}{\ln\frac{b}{a}} = \frac{2\pi\times 8.854\times 10^{-12}}{\ln\frac{2\times 10^{-2}}{10^{-2}}} = 80.26\times 10^{-12} = 80.26[\text{pF/m}]$$

3.2.4 평행한 도체 사이의 정전용량

[그림 3-4]는 공기 중에 반지름 a[m]의 매우 긴 도선이 d[m]의 간격으로 배선된 평행 왕복 도선이다. 도체 A에 $+\lambda$[C/m] 도체 B에 $-\lambda$[C/m]의 선전하가 분포되었다면 $d \gg a$일 때 단위 길이당 정전용량은 다음과 같다.

각 선도체 A, B의 전계는

$$E_A = \frac{\lambda}{2\pi\epsilon_0 x}[\text{V/m}],\ E_B = \frac{-\lambda}{2\pi\epsilon_0(d-x)}[\text{V/m}]$$

이며, 양 도체의 중심을 연결하는 선상의 점 P의 전계는 같은 방향이므로, 합성 전계 E는

$$E = E_A + E_B = \frac{\lambda}{2\pi\epsilon_0}\left(\frac{1}{x} + \frac{1}{d-x}\right)[\text{V/m}] \tag{3.10}$$

같이 된다.

따라서 평행왕복 도체 사이의 전위차 V_{AB}는 다음과 같다.

$$V_{AB} = -\int_{d-a}^{a} E dx = -\frac{\lambda}{2\pi\epsilon_0}\int_{d-a}^{a}\left(\frac{1}{x} + \frac{1}{d-x}\right)dx$$

$$= \frac{\lambda}{\pi\epsilon_0} ln\frac{d-a}{a}[\text{V}]$$

따라서 단위 길이당 정전용량은

$$C = \frac{\lambda}{V_{AB}} = \frac{\pi\epsilon_0}{\ln\frac{d-a}{a}} [F/m] \tag{3.11}$$

이며, 특히 $d \gg a$일 때 $\ln\frac{d-a}{a} \fallingdotseq \ln\frac{d}{a}$이므로 식 (3.11)은 다음과 같이 된다.

$$C = \frac{\pi\epsilon_0}{\ln\frac{d}{a}} = \frac{12.08}{\log_{10}\frac{d}{a}} [F/m] \tag{3.12}$$

여기서, 평행왕복 도선의 길이가 l[m]일 때 정전용량은 다음과 같이 된다.

$$C_l = C \cdot l = \frac{\pi\epsilon_0}{\ln\frac{d-a}{a}} l [F] \tag{3.13}$$

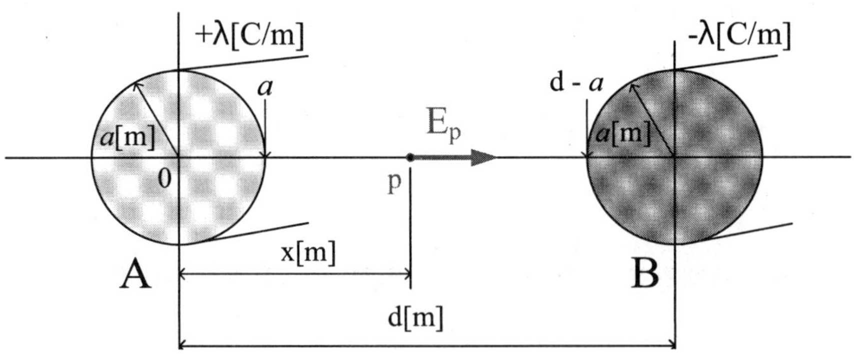

[그림 3-4] 평행왕복 도선

[예제 3-5]

무한히 긴 평행왕복 도선 사이의 거리가 1[m]이고, 각 도선의 반경은 1[mm]이면, 단위 길이당 정전용량은 얼마인가?

풀이 : $C_0 = \dfrac{\pi\epsilon_0}{\ln\dfrac{d}{a}}$에서

$$C_0 = \frac{1}{9\times10^9}\times\frac{1}{4}\times\frac{1}{\ln\dfrac{1}{10^{-3}}} \fallingdotseq 4.028\times10^{-12}[F/m]$$

$$= 4.028[pF/m]$$

3.2.5 평행 판 사이의 정전용량

[그림 3.5]는 전극 판 사이가 공기로 채워진 간격 d[m]의 평행 판 커패시터로 단위면적당 정전용량은 다음과 같다. 두 전극 판에 각각 단위면적당 $\pm\sigma[C/m^2]$의 전하를 주면 전기력선은 전극의 양면 사이에 존재하며 전극 판에 수직하게 되므로 전하는 전극 판의 내면에만 분포되고 전극 판의 외면에 존재하지 않게 된다.

이 경우 전극 판 사이의 전계는

$$E = \frac{\sigma}{\epsilon_0}[V/m] \tag{3.14}$$

로 균일한 평등 전계가 되며, 평행 판 전극 간의 전위차는 식 $V = Ed[V]$로부터

$$V = \frac{\sigma\cdot d}{\epsilon_0}[V] \tag{3.15}$$

가 된다. 따라서 단위면적당 정전용량C_0는

$$C_0 = \frac{\sigma}{V} = \frac{\epsilon_0}{d}\left[\frac{F}{m^2}\right] \tag{3.16}$$

가 되며, 평행 판 전극 사이에 유전율 $\epsilon(=\epsilon_0\epsilon_s)$의 유전체를 삽입하면 정전용량 C는

$$C = \epsilon_S C_0 = \frac{\epsilon_0\epsilon_S}{d}\,[F/m^2] \tag{3.17}$$

가 된다.

평행 판 면적이 $S[m^2]$이라 하면 정전용량 C_S는

$$C_S = C \cdot S = \frac{\epsilon_0\epsilon_S S}{d} = \epsilon\frac{S}{d}\,[F] \tag{3.18}$$

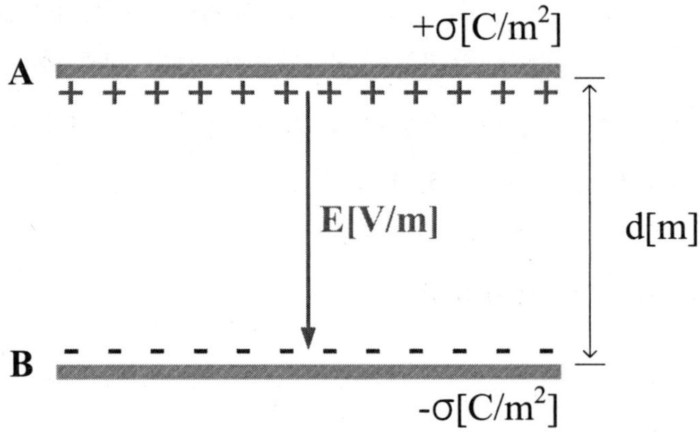

[그림 3-5] 평행 판 콘덴서

[예제 3-6]

평행 판 공기 콘덴서의 극판 면적이 $40[cm^2]$이고 사이 거리가 1[mm]이고, 극판간 전위차가 20[V]이다. 이 콘덴서의 정전용량을 구하여라.

풀이 : $C=\frac{\epsilon_0\epsilon_s S}{d}$에서 매질이 공기이므로 $\epsilon_s=1$이며, 따라서

$$C=\frac{8.854\times10^{-12}\times40\times10^{-4}}{10^{-3}}=354.16\times10^{-13}[F]$$

$$=35.416[pF]$$

[예제 3-7]

면적 $S[m^2]$, 간격 $d[m]$인 평행 평판 콘덴서가 있다. 극판 사이에 $V[V]$의 전위차를 주면, 극판 사이 전계의 세기는 얼마인가? 또 면적을 5배, 간격을 1/2배로 할 때 초기 정전용량의 몇 배가 되는가?

풀이 :

1) 평행 판 사이는 평등 전계이며
극판 간 전위차는 $V=Ed$이므로
극판 간 전계의 세기는 $E=\frac{V}{d}[V/m]$이다.

2) 정전용량은 $C=\frac{\epsilon_0 S}{d}$이므로 $S\to5S$, $d\to\frac{1}{2}d$가 될 때
정전용량 C'은

$$C'=\frac{\epsilon_0(5S)}{\frac{1}{2}d}=10\frac{\epsilon_0 S}{d}=10C$$가 되어 10배가 된다.

3-3 정전에너지

도체가 전하 Q[C]로 충전된다는 것은 전하를 0[C]에서 일정량 Q[C]까지 도체에 공급하거나 또는, 전계의 세기가 0인 무한원(無限遠)에서 도체까지 Q[C]의 전하를 운반해 온다는 것을 의미한다. 따라서 Q[C]를 운반하기 위한 일(에너지)이 필요하게 된다. 이 에너지를 전하 Q[C]으로 충전된 도체가 지닌 **정전에너지**라 한다.

정전용량 C[F]의 도체에 전하를 충전하면 이에 비례하여 전위 V[V]는 상승하게 된다. 이 관계는 [그림 3-6]의 Q－V좌표로 표시하면 직선이 되고, 기울기는 도체의 정전용량이 된다.

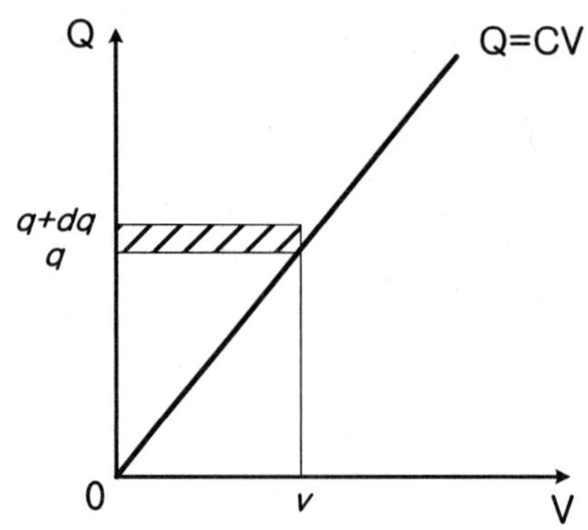

[그림 3-6] 정전에너지

현재 충전 전하 q[C], 전위 V[V]인 대전 도체가 있다. 여기서 전위 V[V]란 단위정전하 +1[C]을 이 도체까지 운반하는데 필요한 일이 V[J/C]임을 의미한다. 따라서 이 도체에 미소 전하 dq[C]을 더 충전시키는데 필요한 일은 다음이 된다.

$$dW = Vdq = \frac{q}{C}dq\,[J] \tag{3.19}$$

따라서 도체 전하를 0에서 Q[C]까지 충전하는데 필요한 에너지는

$$W = \int_0^Q dW = \int_0^Q \frac{q}{C}dq = \frac{1}{2}\frac{Q^2}{C} \tag{3.20}$$

$$= \frac{1}{2}CV^2$$

$$= \frac{1}{2}QV\,[J]$$

가 된다.

다수의 도체가 존재할 경우 각 도체의 전하가 Q_1, Q_2, Q_3[C]일 때 각각 전위가 V_1, V_2, V_3[V]라면 이 도체 계가 지닌 총 정전에너지는

$$W = \frac{1}{2}Q_1V_1 + \frac{1}{2}Q_2V_2 + \frac{1}{2}Q_3V_3\,[J] \tag{3.21}$$

가 되며, 다음과 같이 정리할 수 있다.

1개의 도체가 갖는 에너지 : $W = \frac{1}{2}CV^2[J]$ (3.22)

다수의 도체가 갖는 에너지 : $W = \frac{1}{2}\sum_{i=1}^{n}C_iV_i^2[J]$ (3.23)

그런데 전극 판의 간격 d[m], 면적 S[m^2]이며, 전극 판 사이의 전계의 세기 E[V/m], 유전율 ϵ[F/m]인 평행 판 콘덴서에 ±Q[C]의 전하가 충전되어 있다면, 이 콘덴서가 지닌 에너지는

$$W = \frac{1}{2}CV^2 = \frac{1}{2}\left(\frac{\epsilon S}{d}\right)(Ed)^2 = \frac{1}{2}(\epsilon E)^2Sd\,[J] \tag{3.24}$$

이며, 콘덴서에 저장된 단위 체적당 에너지는 $w = \frac{W}{Sd}$로부터

$$w = \frac{1}{2}(\epsilon E)^2 = \frac{1}{2}\frac{D^2}{\epsilon} = \frac{1}{2}DE\,[J/m^3]$$

$$w = \frac{1}{2}\mathbf{D} \cdot \mathbf{E}\,[J/m^3] \tag{3.25}$$

가 된다.

[예제 3-8]

정전용량 $C_1 = 5[\mu F]$, $C_2 = 10[\mu F]$의 두 커패시터가 병렬 접속되어 있고 양단에 $200[V]$로 전하를 충전시킨 후에, 전원 대신 $1[k\Omega]$의 저항을 연결하면, 소모되는 전체 에너지는 얼마인가?

풀이 : 합성 정전용량 : $C_P = C_1 + C_2 = 15[\mu F]$

전체 에너지 : $W = \frac{1}{2}C_P V^2 = \frac{1}{2} \times 15 \times 10^{-6} \times 200^2 = 0.3[J]$

3-4 도체에 작용하는 힘

대전 도체에 작용하는 힘은 다음과 같다. 예를 들어 평행 판 콘덴서가 $\pm Q[C]$의 전하로 충전되어 있을 때 평행 판 전극 도체 간 사이에 정전기적인 힘이 작용하여 한 개의 전극 도체 판이 d방향으로 $\Delta d[m]$만큼 이동하였다고 하자.

이때 도체에 작용하는 힘의 이동 방향 성분을 F_d라 하면 전계가 한 일은 $F_d \cdot \Delta d$가 되며, 이 일의 양만큼 에너지가 감소하였다고 볼 수 있다. 따라서, 이 에너지의 감소를 $-\Delta W$라 하면

$$F_d \cdot \Delta d = -\Delta W$$

가 되며, 다음 식으로 유도된다.

$$F_d = -\frac{\Delta W}{\Delta d}\,[\mathrm{N}] \tag{3.26}$$

$\Delta d \to 0$으로 편미분하면 정전기력은

$$F_d = -\frac{\partial W}{\partial d}\,[\mathrm{N}] \tag{3.27}$$

이 된다. 여기서 음(-)의 부호는 정전기력이 에너지가 감소하는 방향으로 작용한다는 것을 의미한다.

따라서 평행 판 콘덴서의 두 전극 판 사이에 작용하는 정전기력은 충전된 전하 $\pm Q$가 일정할 경우

$$F_d = -\frac{\partial W}{\partial d} = -\frac{\partial}{\partial d}\left(\frac{1}{2}\frac{Q^2}{C}\right) = -\frac{\partial}{\partial d}\left(\frac{1}{2}\frac{Q^2 d}{\epsilon S}\right) \tag{3.28}$$

$$= \frac{1}{2}\frac{Q^2}{\epsilon S}\,[\mathrm{N}]$$

이 되며, 여기서 음수 '-'는 힘이 d의 증가 방향과 반대로 작용함을 나타낸다.

단위면적당 작용하는 힘 $f\,[\mathrm{C/m^2}]$는

$$f = \frac{F}{S} = -\frac{1}{2}\frac{Q^2}{\epsilon S^2}\,[\mathrm{N/m^2}] \tag{3.29}$$

이 된다.

전위 V가 일정할 경우 다음과 같다.

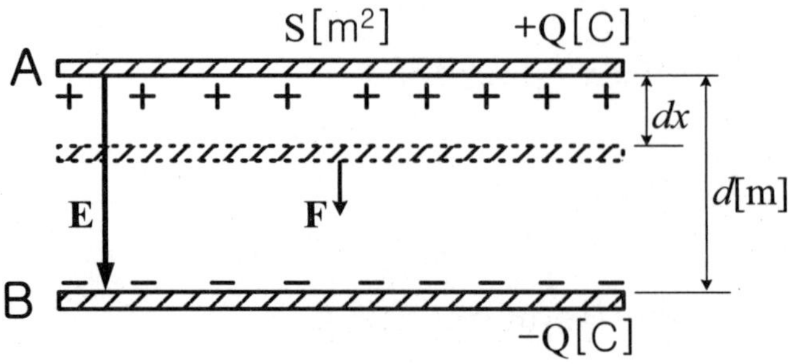

[그림 3-7] 대전 도체 판 사이에 작용하는 힘

따라서 단위면적당 작용하는 힘 f[C/m²]는 다음과 같다.

$$F_d = -\frac{\partial}{\partial d}\left(\frac{1}{2}CV^2\right) = -\frac{\partial}{\partial d}\left(\frac{\epsilon S V^2}{2d}\right) = \frac{\epsilon S}{2}\frac{V^2}{d^2} = \frac{\epsilon S}{2}E^2[N] \quad (3.30)$$

$$f = \frac{F}{S} = -\frac{1}{2}\epsilon E^2[N/m^2] \quad (3.31)$$

[예제 3-9]

진공 중에서 면적 $S=1[m^2]$, $d=2[mm]$인 평행 판 커패시터의 양단에 $V=100[V]$ 의 전압을 가하면 정전용량과 저축에너지 및 전극 판 사이에 작용하는 힘의 크기는 얼마인가?

풀이 : $C = \frac{\epsilon_0 S}{d} = \frac{8.854\times10^{-12}\times1}{2\times10^{-3}} = 4.427\times10^{-9}[F]^2$

$$W = \frac{1}{2}CV^2 = \frac{1}{2}\times4.427\times10^{-9}\times100^2 = 2.2135\times10^{-5}$$

$$F = -\frac{\partial W}{\partial d} = \frac{\epsilon_0 S V^2}{2d^2} = \frac{8.854\times10^{-12}\times1\times(100)^2}{2\times(2\times10^{-3})^2}$$

$$\fallingdotseq 1.107\times10^{-2}[N]$$

3-5 유전체

도체에서는 자유전자가 전하 캐리어(carrier)로써 작용한다. 따라서 도체에 전계를 인가하면 자유전자는 전계의 방향과 반대로 이동하여 전기전도를 일으킨다. 그러나 절연체의 경우 자유전자가 존재하지 않으므로 전계가 인가되더라도 자유전자의 이동이 발생하지 않아 전기적으로 절연체 역할을 한다. 그러나 일부 절연체의 경우 외부전계가 가해지면 절연체 내부의 구속전자들이 변위를 일으키는 분극 현상이 일어나 전기쌍극자를 형성하게 되어 이에 따른 전계와 전기 작용에 의한 새로운 전기적 특성을 나타내게 되는데 이러한 절연체를 **유전체**(dielectric material)라 부른다.

3-5-1 분극(polarization)

[그림 3-8](a)처럼 유전체에 전계를 인가하면 핵과 전자는 속반된 채로 핵보다 상대적으로 가벼운 부(-) 전하를 지닌 전자가 전계와 반대 방향으로 변위하여 위치하게 되며 이에 따라 +, − 전하의 중심이 미소한 거리 $\delta[\mathrm{m}]$만큼 떨어져 있는 **전기쌍극자**(electric dipole)를 형성하게 된다.

실제로 유전체는 결정 구조상 다양한 전기쌍극자를 지니고 있으며 외부전계가 인가되면 [그림 3-8](b)와 같이 유전체 내부에서는 전기쌍극자가 형성되어 전계 방향으로 배열하게 된다.

이처럼 유전체에 전기를 가하면 +, − 전하가 미소한 거리만큼 변위하여 전기쌍극자가 형성되어 전계 방향으로 배열하므로 유전체 양단에 분극전하를 발생하는 현상을 **전기분극**(electric polarization)이라 하며, 단위 체적당 쌍극자모멘트 수 $\mathrm{P}[\mathrm{C/m^2}]$을 **분극의 세기**라 정의하며 다음 식과 같다.

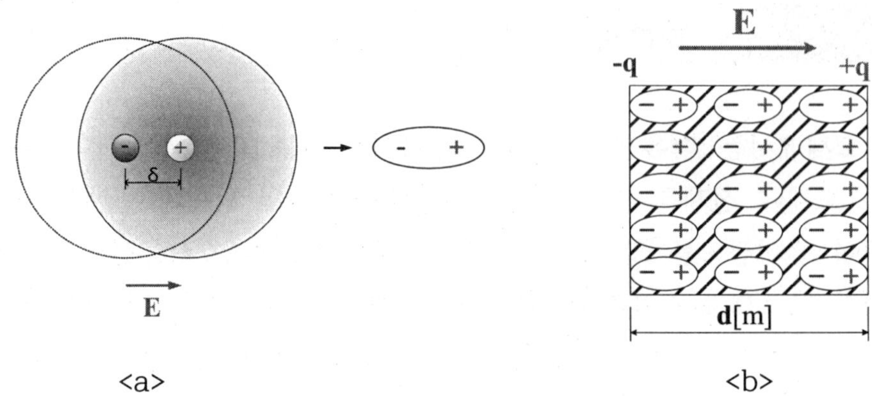

[그림 3-8] 전기분극 현상

$$P = \frac{M}{V}[C/m^2], \quad P = \frac{\partial M}{\partial V}[C/m^2] \tag{3.32}$$

여기서 M : 쌍극자모멘트의 수, V : 유전체의 체적

3-5-2 유전율

전극 판 사이가 진공인 콘덴서에 유전체를 넣으면 [그림 3-9]처럼 유전체에 분극이 발생하여 정전용량의 증가가 일어난다.

[그림 3-9](a)에서 전극 사이가 진공일 경우 정전용량을 C_0라 하면 충전 전하량은 $Q = C_0 V$가 되며, 따라서 정전용량은

$$C_0 = \frac{Q}{V}[F] \tag{3.34}$$

가 된다.

[그림 3-9](b)와 같이 콘덴서 전극 사이에 유전체를 넣었을 경우 정전용량을 C라 하면 충전 전하량은

$$(Q + q) = CV \tag{3.35}$$

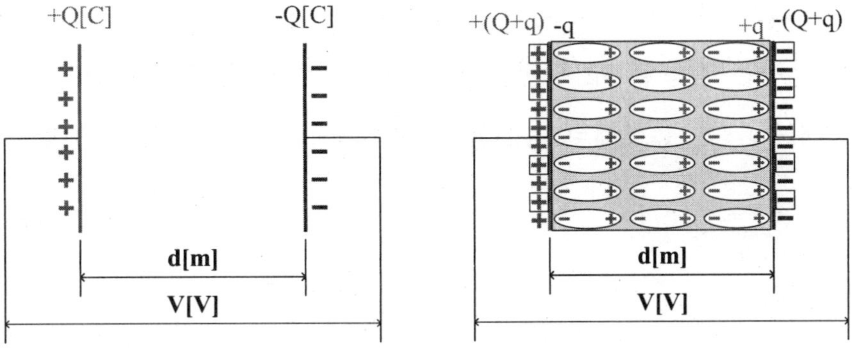

(a) 진공 (b) 유전체

[그림 3-9] 진공과 유전체

가 되며 이로부터 정전용량은

$$C = \frac{Q+q}{V}\,[F] \tag{3.35}$$

가 되어, 유전체를 넣은 후 정전용량이

$$C > C_0 \tag{3.36}$$

로 증가함을 알 수 있으며, C와 C_0의 비는

$$\frac{C}{C_0} = \epsilon_s > 1 \tag{3.37}$$

가 된다. 여기서 ϵ_s는 유전체 재료에 따라 결정되는 값으로 **비유전율**(specific dielectric constant or relative permitivity)이라 한다. 식(3.37)로부터 콘덴서의 정전용량에 대한 다음 관계식을 구할 수 있다.

$$C = \epsilon_s C_0 = \epsilon_s \epsilon_0 \frac{S}{d} = \epsilon \frac{S}{d}\,[F] \left(\because C_0 = \frac{\epsilon_0 S}{d} \right) \tag{3.38}$$

이 식은 비유전율이 ϵ_s인 유전체를 콘덴서에 삽입하면 콘덴서의 정전용량은 진공일 때 정전용량에 비해 ϵ_s배가 됨을 의미한다.

여기서, ϵ은 유전체의 유전율(dielectric constant)이라 하며

$$\epsilon = \epsilon_0 \epsilon_s [\mathrm{F/m}] \tag{3.39}$$

가 된다.

[예제 3-10]

평판 공기 콘덴서의 전극 판에 일정 전하 Q[C]을 충전시킨 후 전극 판 사이에 비유전율 ϵ_s인 유전체로 채우면, 극판 사이의 전압, 전계, 정전용량은 어떻게 변하는가?

풀이 :

1) $Q = CV \rightarrow V = \frac{Q}{C}$로부터

비유전율 ϵ_s인 유전체로 채우면 정전용량 C'[F]은

$C' = \epsilon_s C$가 되며 $Q = C'V'$로 부터 극판 사이의 전압은 다음과 같이 변한다.

$$V' = \frac{Q}{C'} = \frac{Q}{\epsilon_s C} = \frac{1}{\epsilon_s} V$$

즉, 정전용량은 ϵ_s배 증가하며, 전압은 $\frac{1}{\epsilon_s}$배로 줄어든다.

2) 공기 콘덴서 극판 사이의 전계 E[V/m]는

$$V = Ed \rightarrow E = \frac{V}{d}$$이므로

유전체로 채운 콘덴서의 전계 E'[V/m]는

$$E' = \frac{V'}{d} = \frac{(\frac{1}{\epsilon_s})V}{d} = \frac{1}{\epsilon_s}\frac{V}{d} = \frac{1}{\epsilon_s}E$$

가 되어, 초기전계 E의 $\dfrac{1}{\epsilon_s}$배로 줄어든다.

[표 3-1] 절연체 또는 유전체의 비유전율과 Loss tangent($\epsilon_s, \sigma/\omega_\epsilon$)

물 질	ϵ_s	σ/ω_ϵ	물 질	ϵ_s	σ/ω_ϵ
공기	1.0006		운모	5.4	0.0006
에틸알코올	25	0.1	네오프렌	6.6	0.011
산화알루미늄	8.8	0.0006	나이론	3.5	0.02
호박(amber)	2.7	0.002	종이	3	0.008
석면	4.74	0.022	플렉시유리	3.45	0.04
베이클라이트	4.74	0.022	폴리에틸렌	2.26	0.0002
티탄산바륨	1200	0.013	폴리프로필렌	2.25	0.0003
이산화탄소	1.001		폴리스틸렌	2.55	0.00005
게르마늄	16		도자기	6	0.014
유리	4-7	0.001	파이렉스유리	4	0.0006
그리세린	40		스타이로폼	1.03	0.0001
얼음	4.2	0.1	테프론	2.1	0.0003
피라놀(pyranol)	4.4	0.0005	이산화티타늄	100	0.0015
석영(fused)	3.8	0.00075	테레빈수지	2.2	
고무	2.5-3	0.002	증류수	80	0.04
무수규산	3.8	0.00075	해수		4
염화나트륨	5.9	0.0001	건조한 나무	1.5-4	0.01
눈	3.3	0.5	실리콘	11.8	
건조한 흙	2.8	0.07	스테아타이트	5.8	0.003

3-5-3 유전체 내 전계 및 분극의 세기

[그림 3-10]은 유전체의 삽입 전과 후 콘덴서 내부전계의 세기를 나타내고 있다. [그림 3-10](a)처럼 평판 공기 콘덴서에 전압 V[V]를 인가하였을 때 콘덴서 전극 판의 전하밀도 $\sigma[C/m^2]$는 **진전하**(true charge)라 하며, **전속밀도** D_0라 부른다.

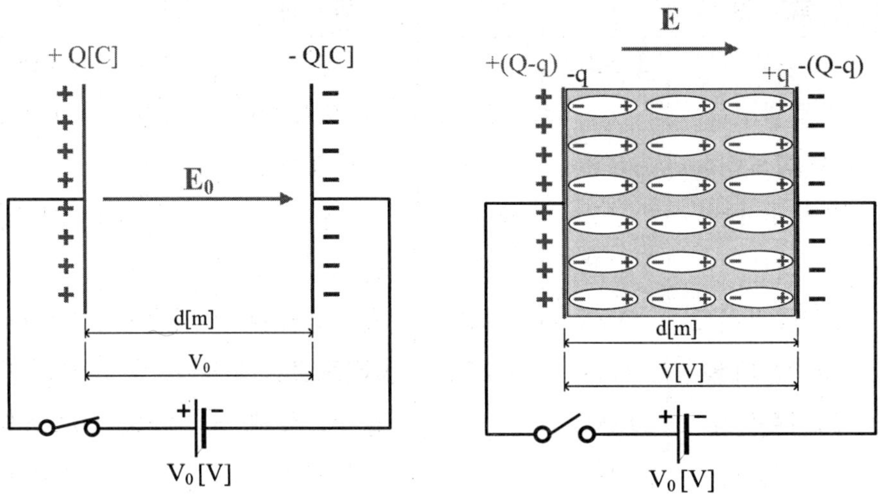

(a) 진공 (유전체 삽입 전)　　(b) 유전체(유전체 삽입 후)

[그림 3-10] 콘덴서 내부전계

$\sigma = \dfrac{Q}{S} = D_0[C/m^2]$와 $Q = C_0V_0 = \epsilon_0 \dfrac{S}{d} V_0$로 부터 충전 전하밀도는

$$\frac{Q}{S} = \frac{\epsilon_0 \frac{S}{d} V_0}{S} = \epsilon_0 \frac{V_0}{d} = \epsilon_0 E_0 [C/m^2] \tag{3.40}$$

가 되며, 전속밀도 D_0와 내부전계 E_0는

$$D_0 = \epsilon_0 E_0 [C/m^2] \tag{3.41}$$

의 관계가 얻어지며, 진공 콘덴서 내부의 전계는 다음과 같다.

$$E_0 = \frac{D_0}{\epsilon_0} = \frac{\sigma}{\epsilon_0}\,[\mathrm{V/m}] \tag{3.42}$$

[그림 3-10](b)는 콘덴서에 전하 Q[C]를 충전시킨 다음 전원 V_0를 분리한 후 전극 판 사이에 유전체를 삽입한 경우 콘덴서의 전극판 전하밀도는 공기일 때와 비교하여 다음과 같이 변한다.

콘덴서에 유전체 삽입 후 분극에 의해 유전체 표면에 나타나는 전하밀도는

$$\sigma' = \frac{q}{S} = P\,[\mathrm{C/m^2}] \tag{3.43}$$

가 되며, **분극도** 혹은 **분극 전하밀도**가 된다.

이때 유전체 콘덴서 내부의 자계는

$$E = \frac{\sigma - \sigma'}{\epsilon_0} = \frac{\sigma - P}{\epsilon_0} = \frac{\sigma}{\epsilon_0} - \frac{P}{\epsilon_0} \tag{3.44}$$

와 같이 되며, 이때 $\sigma - \sigma'$를 **겉보기 전하**(apparent charge)라 한다.

식 (3.41)에서 $E_0 = \frac{\sigma}{\epsilon_0}$이므로

$$E = E_0 - \frac{P}{\epsilon_0}\,[\mathrm{V/m}] \tag{3.45}$$

가 된다.

이 관계식은 유전체 콘덴서 내부에서 자계의 세기 E는 공기(진공) 콘덴서 내 자계의 세기E_0 보다 작아짐을 보인다.

또한, 극판 전하의 감소는 유전체의 종류에 따라 결정되므로 다음과 같이 놓을 수 있다.

$$\sigma - \sigma' = \frac{\sigma}{\epsilon_s}\,[\mathrm{C/m^2}] \tag{3.46}$$

또한, 유전체 내부의 전계는 다음과 같이 나타낼 수 있다.

$$E = \frac{E_0}{\epsilon_s} = \frac{\sigma}{\epsilon_0 \epsilon_s} [C/m^2] \tag{3.47}$$

유전체의 전계 E와 분극의 세기 P와의 관계는

$$P = \epsilon_0(\epsilon_s - 1)E [C/m^2] \tag{3.48}$$

$$\mathbf{P} = \epsilon_0(\epsilon_s - 1)\mathbf{E} [C/m^2]$$

이다.

이때 $\chi_s = \epsilon_s - 1$ 을 이 유전체에 대한 **비전화율**(specific electric susceptibility)라 하며, 따라서 식 (3.48)은 다음과 같이 정리된다.

$$\mathbf{P} = \epsilon_0 \chi_s \mathbf{E} = \chi \mathbf{E} [C/m^2] \tag{3.49}$$

여기서 χ(chi)를 **전화율**(electric susceptibility)이라 한다.

전계 내에 놓인 유전체에서는 외부전계와 분극에 의한 전계의 두 벡터가 동시에 존재하므로

$$\epsilon_0 E = \epsilon_0 E_0 - P \tag{3.50}$$

가 되며, 따라서

$$D = \epsilon_0 E + P \tag{3.51}$$

$$\mathbf{D} = \epsilon_0 \mathbf{E} + \mathbf{P}$$

의 관계식이 얻어진다.

또한, 식 (3.51)은 다음과 같이 유도된다.

$$D = \epsilon_0 E + P = \epsilon_0 E + \epsilon_0(\epsilon_s - 1)E = \epsilon_0 \epsilon_s E = \epsilon E [C/m^2] \tag{3.52}$$

유전율 ε인 유전체 속에서 전속밀도 D의 발산은 가우스 법칙으로부터 다음과 같이 표현된다.

$$\epsilon\int_S \mathbf{E}\cdot\mathbf{n}dS=\int_S \mathbf{D}\cdot\mathbf{n}dS=\sum_{i=1}^{n}Q_i \tag{3.53}$$

식 (3.53)에 전기력선의 발산정리를 전속에 적용하면

$$\int_S \mathbf{D}\cdot\mathbf{n}dS=\int_v \mathrm{div}\mathbf{D}dv \tag{3.54}$$

이며, 가우스 폐 곡면 내 총 전하는 $\sum_{i-1}^{n}Q_i=\int_v \rho dv$이므로

$$\int_v \mathrm{div}\mathbf{D}dv=\int_v \rho dv \tag{3.55}$$

가 된다.

따라서 전속밀도 D의 발산은

$$\mathrm{div}\mathbf{D}=\rho \tag{3.56}$$

가 된다.

식 (3.56)은 유전체에 대한 **가우스 법칙의 미분형**이라 부르며 유전체 내 임의 점의 체적 전하밀도 $\rho[C/m^3]$에서 발산하는 전속 수를 의미한다.

[예제 3-11]

비유전율 ϵ_s인 유전체 내의 전계가 E일 때 분극의 세기 P를 구하라. 또, 전속밀도 D는 얼마인가?

풀이 : 1) 분극의 세기 : $P=\epsilon_0(\epsilon_s-1)E$

2) 전속밀도 : $D=\epsilon_0E+P=\epsilon_0E+\epsilon_0(\epsilon_s-1)E=\epsilon_0\epsilon_sE=\epsilon E$

3-5-4 경계조건

전기력선 및 전속은 유전율이 서로 다른 유전체의 경계면을 통과할 때 경계면 양측에서 다음의 경계조건에 따라 굴절이 일어난다.

첫째, 전계의 세기의 경계면에 대한 접선 성분(평행 성분)은 경계면 양측에서 서로 같다. 즉 연속적임을 의미한다.

[그림 3-11](a)와 같이 투자율이 ϵ_1, ϵ_2인 두 유전체가 접하여 있을 때 경계면 양측의 각 유전체에서 전계의 세기를 E_1, E_2, 전속밀도를 D_1, D_2, 경계면에 대한 입사각과 굴절각을 θ_1, θ_2라 하자.

경계면 상의 적분로 ABCDA를 따라서 전계 **E**를 적분시키면

$$\int_{ABCDA} \mathbf{E} \cdot dl = \int_A^B \mathbf{E} \cdot dl + \int_C^D \mathbf{E} \cdot dl = E_{1t}\frac{1}{2} - E_{2t}\frac{1}{2} = (E_{1t} - E_{2t})\frac{1}{2}$$

(단, 변 $\overline{BC}$, 변 $\overline{DA}$의 길이를 무한히 작게 취하여 무시)

이 되며, 전계의 보존법칙에 따라 $\int_{ABCDA} \mathbf{E} \cdot dl = 0$이므로 $E_{1t} = E_{2t}$가 된다. 따라서

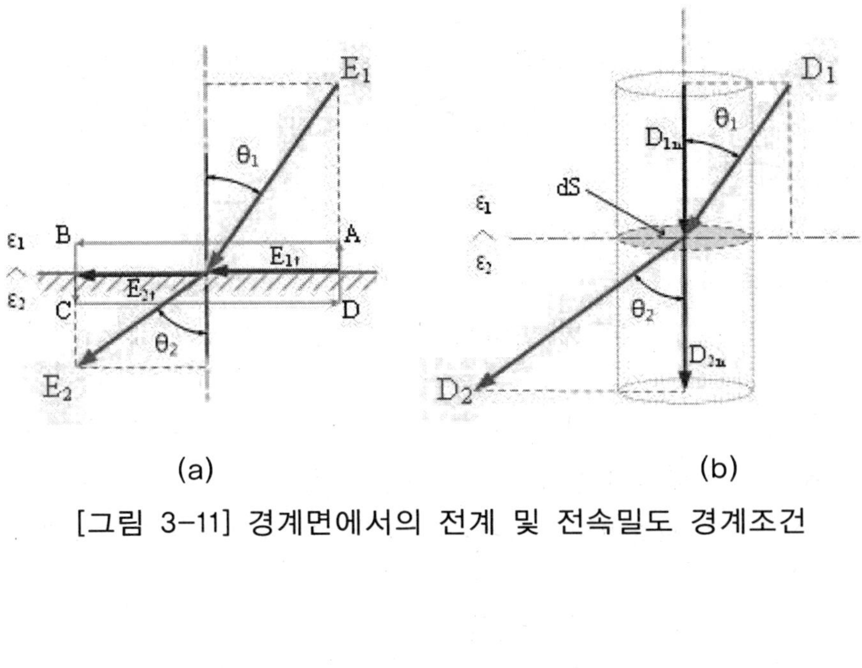

[그림 3-11] 경계면에서의 전계 및 전속밀도 경계조건

$$E_1 \cdot \sin\theta_1 = E_2 \cdot \sin\theta_2 \tag{3.57}$$

의 첫 번째 경계조건이 얻어진다.

둘째, 전속밀도의 경계면에 대한 법선 성분은 경계면 양측에서 서로 같다. 즉, 연속적이다.

[그림 3-11](b)와 같이 경계면 양측 유전체에서 전속밀도를 D_1, D_2라 할 때, 경계면의 법선을 축으로 하는 단면적 $dS[m^2]$의 미소 원통을 가우스 폐 곡면으로 취하여 가우스 법칙을 적용하면, 이 원통으로 유출, 유입하는 전속선 수는 동일하므로

$D_1\cos\theta_1 \cdot dS = D_2\cos\theta_2 \cdot dS$가 되며

$$D_1\cos\theta_1 = D_2\cos\theta_2 \tag{3.58}$$

$$D_{1n} = D_{2n}$$

의 두 번째 조건이 얻어진다.

한편 $D = \epsilon E$이므로 식 (3.58)은 다음과 같이 된다.

$$\epsilon_1 E_1 \cos\theta_1 = \epsilon_2 E_2 \cos\theta_2$$

식 (3.58)을 식 (3.57)으로 나누면

$$\frac{E_1 \sin\theta_1}{\epsilon_1 E_1 \cos\theta_1} = \frac{E_2 \sin\theta_2}{\epsilon_2 E_2 \cos\theta_2}$$

가 되어 다음과 같이 세 번째 경계조건인 굴절의 법칙이 얻어진다.

$$\frac{\tan\theta_1}{\tan\theta_2} = \frac{\epsilon_1}{\epsilon_2} \tag{3.59}$$

식 (3.59)로부터 $\epsilon_1 < \epsilon_2$ 이면 $\theta_1 < \theta_2$, $E_1 > E_2$, $D_1 < D_2$인 관

계가 성립하는데 이것은 전기력선(전속선)이 유전률이 작은 유전체에서 유전율이 큰 유전체로 입사하면 굴절각은 커지며 전계의 세기는 작아지고 전속밀도는 커짐을 의미한다.

그리고 $\theta_1 = 0$인 경우 즉, 전계가 경계면에 수직으로 입사할 경우 다음과 같은 성질을 나타낸다.

① $\theta_2 = 0$: 즉, 전속과 전기력선은 굴절하지 않는다.

② $D_1 = D_2$: 전속밀도는 불변(연속적)이다.

③ $\frac{E_1}{E_2} = \frac{\epsilon_2}{\epsilon_1}$ 전계는 불연속이다. 즉, 전계는 매질에 따라 결정된다.

[예제 3-12]

공기 중에서 50[kV/m]의 전계가 비유전율 5인 유전체 면에 45° 로 입사할 때, 굴절각 θ_2와 유전체 내 전계의 세기 E_2[kV/cm]는 얼마인가?

풀이 :

1) 굴절각 θ_2[°]

$\frac{\tan\theta_1}{\tan\theta_2} = \frac{\epsilon_1}{\epsilon_2}$에

$\epsilon_1 = \epsilon_0$, $\epsilon_2 = 5\epsilon_0$, $\theta_1 = 45°$을 대입한 후 θ_2에 대해 정리하면

$$\frac{\tan 45°}{\tan\theta_2} = \frac{\epsilon_0}{5\epsilon_0} = \frac{1}{5}$$

$\tan\theta_2 = 5\tan 45° = 5$이므로

굴절각 θ_2는

$\therefore\ \theta_2 = \tan^{-1}5 \fallingdotseq 78.7°$가 된다.

2) $E_1 \cdot \sin\theta_1 = E_2 \cdot \sin\theta_2$로 부터 전계 E_2는

$$E_2 = E_1 \frac{\sin\theta_1}{\sin\theta_2} = 50 \times 10^3 \times \frac{\sin 45^\circ}{\sin 78.7^\circ} \fallingdotseq 36\,[\mathrm{kV/m}]\text{가 되며}$$

$$\therefore\ E_2 = 36 \frac{[\mathrm{kV}]}{[\mathrm{m}]} \times \frac{10^{-2}[\mathrm{m}]}{1[\mathrm{cm}]} = 0.36\,[\mathrm{kV/cm}]\text{이다.}$$

3-6 유전체 콘덴서의 정전용량

3-6-1 전극 판에 평행한 복합유전체 콘덴서

[그림 3-12]와 같이 전극 판 면적 $S[m^2]$, 전극 간 거리 $d[m]$인 콘덴서에 유전율이 각각 ϵ_1, ϵ_2인 유전체를 전극 판과 평행하게 삽입한 콘덴서의 정전용량을 구하여 보면,

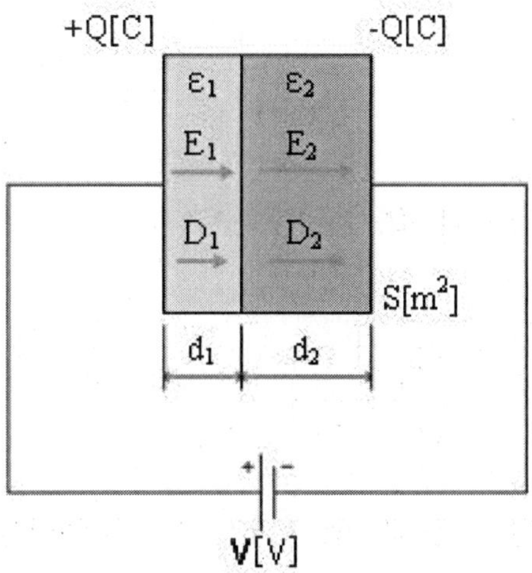

[그림 3-12] 극판과 평행한 복합유전체 콘덴서

콘덴서 전극 판의 전하밀도를 $\pm\sigma[C/m^2]$라 하면 $D = \sigma[C/m^2]$이므로 전속밀도 D_1, D_2의 방향은 유전체 경계면에 수직하므로 입사

각과 굴절각은 $\theta_1 = \theta_2 = 0$이 되어 식 (3.58)로부터

$$D_1 = D_2 = D \tag{3.60}$$

가 되며, 다음과 같이 된다.

$$D_1 = \epsilon_1 E_1,\ D_2 = \epsilon_2 E_2$$

위 식으로부터 전계 E_1, E_2는

$$E_1 = \frac{D_1}{\epsilon_1} = \frac{\sigma}{\epsilon_1},\ E_2 = \frac{D_2}{\epsilon_2} = \frac{\sigma}{\epsilon_2} \tag{3.61}$$

이므로 극판 간의 전위차 V는

$$V = V_1 + V_2 = E_1 d_1 + E_2 d_2 = \frac{\sigma}{\epsilon_1} d_1 + \frac{\sigma}{\epsilon_2} d_2 \tag{3.62}$$

$$= \left(\frac{d_1}{\epsilon_1} + \frac{d_2}{\epsilon_2}\right)\sigma\,[V]$$

가 된다.

정전용량 C는 다음과 같이 구해진다.

$$C = \frac{Q}{V} = \frac{\sigma S}{V} = \frac{1}{\left(\dfrac{d_1}{\epsilon_1} + \dfrac{d_2}{\epsilon_2}\right)} S = \frac{\epsilon_1 \epsilon_2 S}{\epsilon_1 d_2 + \epsilon_2 d_1}\,[F] \tag{3.63}$$

또한, 이처럼 전극 판과 평행하게 두 유전체를 삽입한 콘덴서의 정전용량은 두 개의 콘덴서 C_1, C_2가 직렬 연결된 것과 같으므로

콘덴서 C_1, C_2의 합성 정전용량 C[F]는

$$C = \frac{1}{\frac{1}{C_1} + \frac{1}{C_2}} = \frac{C_1 C_2}{C_1 + C_2}\text{이며}$$

$$C_1 = \frac{\epsilon_1 S}{d_1},\ C_2 = \frac{\epsilon_2 S}{d_2}\text{를 대입하여 정리하면}$$

$$\therefore\ C = \frac{\epsilon_1 \epsilon_2 S}{\epsilon_1 d_2 + \epsilon_2 d_1}\,[F]$$

가 된다.

[예제 3-13]

전극판 간격이 0.8[cm], 면적이 넓은 평행 평판 공기커패시터가 있다. 극판 사이에 같은 면적이고, 두께 3[mm]인 유전체를 넣어서 1.0[cm]로 증가시켜도 정전용량이 변하지 않는다면, 이 유전체의 비유전율은 얼마인가?

풀이 :

$$C = \frac{\epsilon_0}{d} = \frac{\epsilon_0}{0.8 \times 10^{-2}}$$

$$C_1 = \frac{\epsilon_0}{0.7 \times 10^{-2}},\ C_2 = \frac{\epsilon_0 \epsilon_s}{0.3 \times 10^{-2}}$$

C_1, C_2는 직렬연결이므로 유전체를 넣은 후 정전용량 C_s는

$$C_s = \frac{C_1 C_2}{C_1 + C_2} = \frac{\frac{\epsilon_0}{0.7 \times 10^{-2}} \times \frac{\epsilon_0 \epsilon_s}{0.3 \times 10^{-2}}}{\frac{\epsilon_0}{0.7 \times 10^{-2}} + \frac{\epsilon_0 \epsilon_s}{0.3 \times 10^{-2}}} = \frac{\epsilon_0 \epsilon_s}{(0.3 + 0.7\epsilon_s) \times 10^{-2}}$$

유전체를 넣기 전후의 정전용량이 같으므로

$C = C_s$이며, 따라서

$$\frac{\epsilon_0}{0.8\times10^{-2}}=\frac{\epsilon_0\epsilon_s}{(0.3+0.7\epsilon_s)\times10^{-2}}$$

$$\frac{1}{0.8}=\frac{\epsilon_s}{0.3+0.7\epsilon_s}$$

$\therefore\ \epsilon_s=3$이 된다.

3-6-2 전극 판에 수직한 복합유전체 콘덴서

유전율이 ϵ_1, ϵ_2, ϵ_3인 3개의 유전체를 [그림 3-13]과 같이 극판에 수직하게 놓았을 경우 정전용량을 구해보자.

전극 판에 전위차 V[V]를 인가하여 전하 ±Q [C]을 충전시키면 각 유전체에는 동일한 전압이 걸리므로 각 유전체 내 전계는 같게 된다. 전계와 전속밀도의 방향은 유전체 경계면과 평행하므로 접선 성분만 존재한다. 따라서 입사각과 굴절각이 $\theta_1=\theta_2=90°$가 되어 경계조건 식 (3.58)에 의해 각 유전체에 걸리는 전계는 다음 식과 같다.

$$E_1=E_2=E_3\,[V/m] \tag{3.64}$$

$$E=\frac{V}{d}=\frac{D_1}{\epsilon_1}=\frac{D_2}{\epsilon_2}=\frac{D_3}{\epsilon_3} \tag{3.65}$$

각 유전체와 전극 판이 접하는 면적 S_1, S_2, S_3를 가우스 폐 곡면으로 취하면 가우스 법칙을 적용하면

$$\int_S \mathbf{D}\cdot\mathbf{n}dS=D_1S_1+D_2S_2+D_3S_3=Q \tag{3.66}$$

가 되며, 식(4.41)을 대입하여 정리하면

$$\frac{\epsilon_1S_1}{d}V+\frac{\epsilon_2S_2}{d}V+\frac{\epsilon_3S_3}{d}V=Q\,[C] \tag{3.67}$$

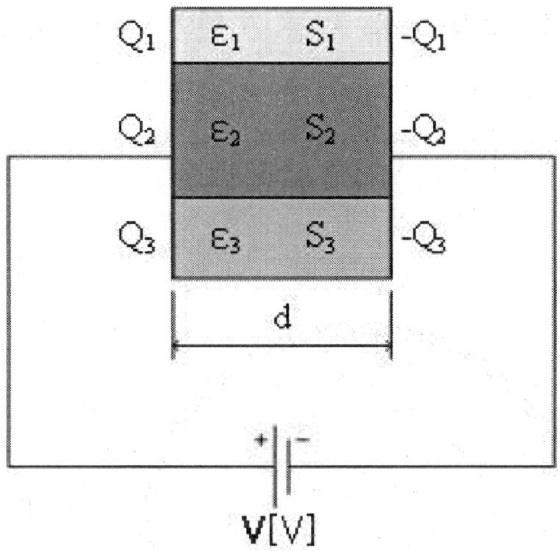

[그림 3-13] 극판에 수직한 복합유전체 콘덴서

이 된다. 따라서 합성 정전용량 C는

$$C=\frac{Q}{V}=\frac{\epsilon_1 S_1}{d}+\frac{\epsilon_2 S_2}{d}+\frac{\epsilon_3 S_3}{d}\,[F] \tag{3.68}$$

이것은 $C_1=\frac{\epsilon_1 S_1}{d}, C_2=\frac{\epsilon_2 S_2}{d}, C_3=\frac{\epsilon_2 S_3}{d}$인 세 개의 콘덴서를 병렬 연결한 것과 같으므로 이때 합성 정전용량 C는

$$C=C_1+C_2+C_3=\frac{1}{d}(\epsilon_1 S_1+\epsilon_2 S_2+\epsilon_3 S_3)\,[F]$$

로 이 결과는 식(3.48)과 같음을 알 수 있다.

3-6-3 두 개의 복합유전체로 채워진 동축 원통 도체

[그림 3-14]과 같이 내원통 반지름이 a[m]이고 외원통 안 반지름이 b[m]인 동축 원통 도체 사이에 유전율이 각각 ϵ_1, ϵ_2[F/m]인 두 유전체가 채워져 있을 때, 내원통과 외원통에 $+\lambda$[C/m], $-\lambda$[C/m]

의 전하를 주었을 경우 동축 원통 도체의 단위 길이당 정전용량은

$$C_0 = \frac{\lambda}{V_{ac}} = \frac{2\pi}{\left\{\frac{1}{\epsilon_1}\ln\frac{b}{a} + \frac{1}{\epsilon_2}\ln\frac{c}{b}\right\}}\,[\mathrm{F/m}] \tag{3.69}$$

이다.

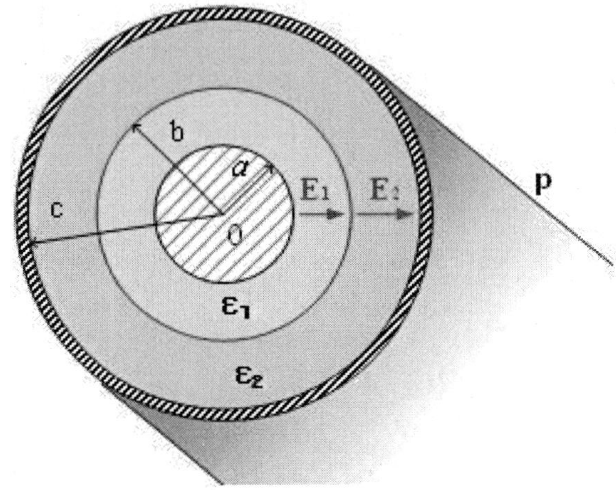

[그림 3-14] 복합유전체로 채워진 동축 원통 도체

이 결과 식을 보면 유전율이 각각 ϵ_1, ϵ_2[F/m]인 유전체를 갖는 두 개의 동축원통형 콘덴서를 직렬연결한 경우와 같음을 알 수 있다. 또한, 각 유전체에서의 전계는

$$E_1 = \frac{C_0 V}{2\pi\epsilon_1 r}\,[\mathrm{V/m}]\,(a < r < b) \tag{3.70}$$

$$E_2 = \frac{C_0 V}{2\pi\epsilon_2 r}\,[\mathrm{V/m}]\,(b < r < c)$$

가 된다. $\epsilon_1 > \epsilon_2$인 경우 전계분포는 두 종류의 유전체로 사용하였을 경우 한 종류인 경우보다 같은 전위차에 대한 최대 전계 값이 낮아져 절연 효과가 높아지므로 보다 높은 고전압을 인가할 수 있다. 이

러한 원리를 이용한 절연방식을 **단절연**(段絶緣 : graded insulation)이라 하며, 보통 30[kV]급 이상의 고압 송전용 지중케이블 등에 이용되고 있다.

3-7 유전체 사이의 힘

3-7-1 전계와 유전체 경계면이 수직한 경우

전계와 유전체 경계면이 수직할 때 유전체 경계면 사이에 작용하는 힘은 다음과 같다. [그림 3-15]처럼 유전율이 각각 ϵ_1, ϵ_2[F/m]인 두 유전체의 경계면 사이에 힘 f_x[N/m^2]가 작용하여 Δx[m]만큼 움직였을 때 힘 F_x[N]가 한 일은

$$\Delta W = F_x \Delta x [J/m^2]$$

이며, 이 일의 양만큼 에너지가 감소하여 다음 관계가 성립한다.

$$F_x \Delta x = -\Delta W = -(W - W_2)\Delta x \qquad (3.71)$$

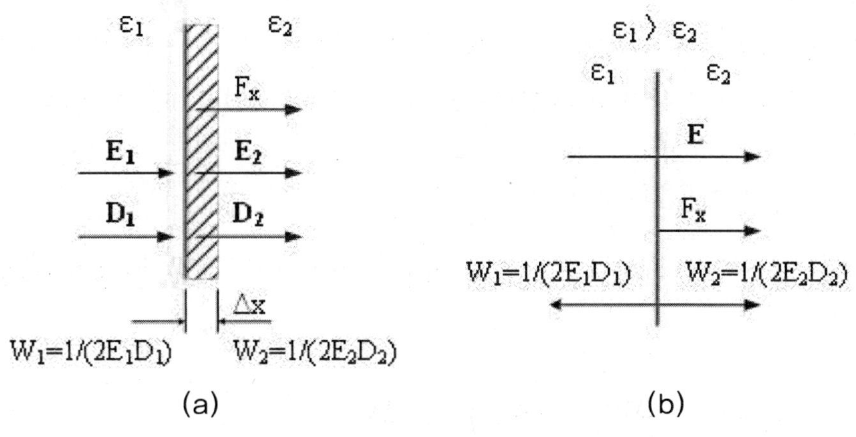

[그림 3-15] 전계와 경계면이 수직한 경우

$$F_x = -\frac{\Delta W}{\Delta x} = -\frac{(W_1 - W_2)\Delta x}{\Delta x} = W_2 - W_1 \tag{3.51}$$

$$= \frac{1}{2}E_2D_2 - \frac{1}{2}E_1D_1$$

$$= \frac{1}{2}(\frac{1}{\epsilon_2} - \frac{1}{\epsilon_1})D^2 [N/m^2]$$

따라서, 식(3.51)에서 $W_2\left(=\frac{1}{2}E_2D_2\right)$는 [그림 3-15](b)에서 처럼 오른쪽으로 작용하는 힘이며 $W_1\left(=\frac{1}{2}E_1D_1\right)$은 왼쪽으로 작용하는 힘이다. 이처럼 유전체 경계면에는 두 힘의 차에 의한 응력을 받으며, 이 힘을 **맥스웰의 응력**이라 한다. 여기서, 전속밀도의 경계조건에 의해 $D_1 = D_2 = D$ 이므로 예를 들어 $\epsilon_1 < \epsilon_2$이라면 $F_x < 0$이므로 유전율이 큰 유전체에서 유전율이 작은 유전체 쪽으로 힘이 작용한다.

3-7-2 전계와 경계면이 평행한 경우

전계와 유전체 경계면이 평행할 때 유전체 경계면 사이에 작용하는 힘은 다음과 같다. [그림 3-16]처럼 유전율이 각각 ϵ_1, ϵ_2[F/m]인 두 유전체에서 전계는 경계조건에 의해 $E_1 = E_2 = E$이다. 경계면 사이에 힘 F_x[N]가 작용하여 Δx[m]만큼 움직였을 때 한 일은

$$\Delta W = F_x \Delta x [J/m^2]$$

이 되고, 이 일의 양만큼 에너지가 감소하여 다음 관계가 성립한다.

$$F_x \Delta x = -\Delta W = -(W_1 - W_2)\Delta x \tag{3-73}$$

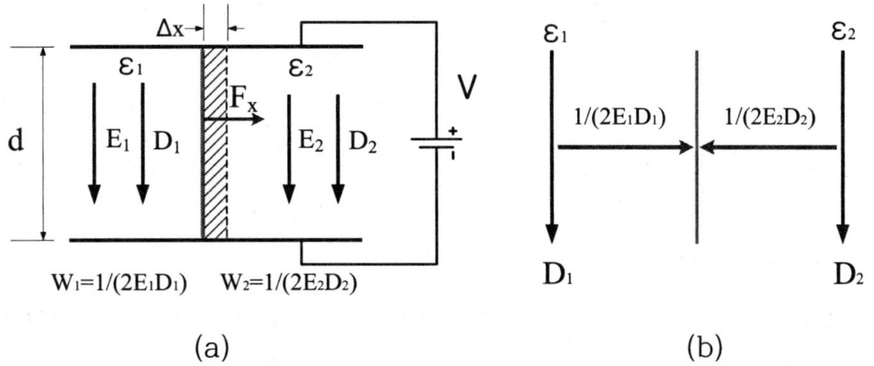

[그림 3-16] 전계와 경계면이 수직한 경우

또한 Δx 부분의 전속밀도가D_2에서 D_1으로 변화한 것을 알 수 있으며, 이 전하의 변화를 위해 전원으로부터 공급된 에너지는

$$V \cdot \Delta Q = (Ed) \cdot (D_1 - D_2)\Delta x = E(D_1 - D_2)d\Delta x$$

가 된다. 이 식에서 단위면적당 d는 일정하므로

$$E(D_1 - D_2)\Delta x$$

가 된다. 즉, 이 크기만큼 전원으로부터 전하가 공급되어 전극간 전위차를 일정하게 유지하게 된다. 따라서

$$F_x\Delta x = -(W_1 - W_2)\Delta x + E(D_1 - D_2)\Delta x$$

가 되며, 힘 F_x[N]는

$$F_x = E(D_1 - D_2) - (W_1 - W_2) \tag{3.74}$$

$$= E(D_1 - D_2) - \frac{1}{2}(ED_1 - ED_2)$$

$$= \frac{1}{2}ED_1 - \frac{1}{2}ED_2$$

가 된다. 이 힘은 그림 4.8(b)에서 압축 변형력으로 표시된다.

윗 식에 $D = \epsilon E$의 관계를 대입하여 정리하면

$$F_x = \frac{1}{2}(\epsilon_1 - \epsilon_2)E^2 [N/m^2] \tag{3.75}$$

의 새로운 관계식이 얻어진다.

예를 들어 $\epsilon_1 > \epsilon_2$이라면 $F_x > 0$이 되며 유전율이 큰 유전체에서 유전율이 작은 유전체 쪽으로 힘이 작용한다.

제 4 장

전 류

4-1 전류의 정의
4-2 저 항
4-3 키르히호프의 법칙
4-4 전지의 연결
4-5 열전 현상

4-1 전류의 정의

전하의 이동을 **전류**라 부르며, 전류의 방향은 단위 정전하(+1[C])의 이동 방향을 (+)로 한다. 이때 전류의 크기는 어떤 단면을 단위 시간(1[sec])에 통과하는 전하량으로 정의한다.

시간 t[sec]동안 도체의 임의 단면을 전하 Q[C]이 통과하였을 때 전류의 크기 I[A]는

$$I = \frac{Q}{t}\left[\frac{C}{s} = A\right] \tag{4.1}$$

가 되며, 순간 전류를 i[A]라 하면

$$i = \frac{dQ}{dt}[A] \tag{4.2}$$

가 된다. 여기서 전류의 단위는 [A](암페어 : Ampere)이며 MKS 단위계이다. 1[A]란 임의 단면을 1[sec]동안에 1[C]의 전하가 이동하였을 때의 전류의 크기를 말한다.

또 t_1[sec]에서 t_2[sec]사이에 순간 전류 i[t]가 흘렀을 때 이동한 총 전하량은

$$q = \int_{t_1}^{t_2} i(t)dt\,[C] \tag{4.3}$$

이 된다.

전류밀도는 전류의 방향과 수직인 1[m^2]의 단면적을 통과하는 전류로 정의하며 다음 식으로 표현한다.

$$J = \frac{di}{dS}\,[A/m^2] \tag{4.4}$$

또한, 단위 체적 밀도 n[개/m^3]의 전자가 전계 E[V/m]로 가속되어 속도 v[m/s] 움직일 때 **전류밀도**는

$$J = nev \fallingdotseq ne\mu E = \sigma E\,[A/m^2] \tag{4.5}$$

로 계산된다.

전류의 종류에는 금속 중의 자유전자의 이동에 의한 **전도전류**, 진공 중의 전자 및 +(정), −(부) 이온에 의한 전류로 **대류전류**, 유전체 중의 구속전자의 변위 즉 전속밀도의 시간적 변화에 의한 전류로 **변위전류**가 있다. 또한, 전류의 크기와 방향이 시간에 따라 변하지 않는 전류를 직류(直流, DC : direct current), 전류의 크기와 방향이 시간에 따라 변하는 전류를 교류(交流, AC : alternating current)라 한다.

[예제 4-1]

전자가 매초 10^{10} 개의 비율로 도체의 단면을 통과하면, 이것은 몇 [A]의 전류가 되는가? (전자 1개 전하량은 1.602×10^{-19}[C])

풀이 : $Q = en = 1.602\times10^{-19}\times10^{10} = 1.602\times10^{-9}\,[C]$

$$I = \frac{Q}{t} = \frac{1.602\times10^{-9}}{1} = 1.602\times10^{-9}\,[A]$$

4-2 저 항

4.2.1 Ohm의 법칙

Ohm의 법칙은 '도선에 흐르는 전류 I는 금속 선 양단 간의 전위차 V에 비례하며 금속 선의 저항 R에 반비례한다'이다.

[그림 4-1]처럼 도선의 양단 a, b의 전위차를 $V(=V_1-V_2)$, a에서 b로 흐르는 전류를 I라 하면

$$I=\frac{V}{R} \tag{4.6}$$

로 표시된다. 또한 식(5.6)는 다음 식으로 나타낼 수 있다.

$$V=RI \tag{4.7}$$

식 (4.7)은 저항 R의 도선에 전류 I가 흐를 때 전류 방향으로 전위가 $V=RI$[V]만큼 낮아진다는 것을 의미하며 이를 **전압강하**라 한다.

여기서 비례상수 R은 도체의 종류, 모양, 크기 및 온도 등에 의하여 결정되는 양으로 도선의 **전기저항** 또는 **저항**(resistance)이라 하며, 단위는 [Ω](옴 : ohm)이 된다.

식 (4.7)로 부터 저항은 다음과 같다.

$$R=\frac{V}{I}\,[\Omega] \tag{4.8}$$

도체의 저항은 단면적 $S[m^2]$에 반비례하고 길이 l[m]에 비례하는 특성이 있으며 다음 식과 같이 표시된다.

$$R=\rho\frac{l}{S} \quad (\rho : \text{고유저항, resistivity}) \tag{4.9}$$

여기서 비례상수 ρ는 도체의 재질과 온도에 따라 정해지는 고유한 양으로 고유저항 또는 저항률이라 하며, 단위는 $[\Omega \cdot m]$이다.

저항의 역수를 **컨덕턴스**(conductance)라 하며, 전류가 흐르기 쉬운 정도를 표시하는 양이다. 단위는 [℧](모 : mho) 또는 [S](지멘스, siemens)이다.

$$G = \frac{1}{R} = \frac{1}{\rho}\frac{S}{l} = \sigma\frac{S}{l}\,[S = 1/\Omega] \tag{4.10}$$

σ는 **도전률, 도전도**(conductivity)이며 단위는 [S/m = ℧/m]이다.

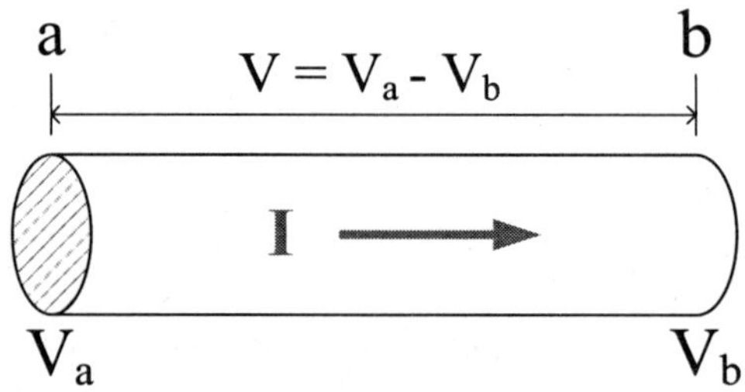

[그림 4-1] Ohm의 법칙

4.2.2 저항의 온도계수

금속과 같은 도체는 온도가 높아지면 결정을 구성한 원자의 열 진동이 활발해지며 도체 내에서 전하를 운반하는 캐리어(carrier)인 자유전자와 충돌이 증가하여 전기저항이 증가하게 된다.

0[℃]일 때 도체의 온도계수가 α_0, 저항이 $R_0[\Omega]$이면, t[℃]일 때 도체의 저항은 식 (4.11)과 같다.

$$R_t = R_0(1 + \alpha_0 t) \tag{4.11}$$

0[℃]일 때 도체의 고유저항 온도계수를 α_0 라 하면, t[℃]의 온도계수는 다음과 같다.

$$\alpha_t = \frac{\alpha_0}{1+\alpha_0 t} \tag{4.12}$$

t_1[℃]일 때 온도계수가 α_{t_1}, 저항이 R_1[Ω]이면, t_2[℃]에서 저항 R_2[Ω]는

$$R_2 = R_1\left[1+\alpha_{t_1}(t_2-t_1)\right][\Omega] \tag{4.13}$$

이며, t_1[℃]일 때 온도계수 α_{t_1}는 다음과 같다.

$$\alpha_{t_1} = \frac{1}{T}\frac{R_2-R_1}{R_1} \quad (\because T = t_2 - t_1) \tag{4.14}$$

[표 4-1] 도체의 온도계수(α_0, 20℃)

금 속	온도계수($\times 10^{-3}$)	금 속	온도계수($\times 10^{-3}$)
Au	3.4	Sn	4.2
Ag	3.8	Pb	3.9
Cu	3.93	Bi	4.0
Al	3.9	Hg	0.89
W	4.5	Zn	3.7
Mo	3.3	청동	1.7
Ni	6.0	인청동	3.5
Fe	5.0	콘스탄탄	0.02
Pt	3.0	망가닌	0.01

온도계수는 도체의 재질에 따라 정해지는 상수로 t_1[℃]에서 1[℃]의 온도상승에 대한 저항의 증가 비율을 말하며 이것을 t_1[℃]에 대한 **저항의 온도계수**라 부른다.

t_1[℃]에서 고유저항 ρ_1, 고유저항의 온도계수 α_{t_1}, t_2[℃]에서 고유저항을 ρ_2라 하면 다음 관계가 성립한다.

$$\rho_{t_2} = \rho_{t_1}\left[1+\alpha_{t_1}(t_2 - t_1)\right] \tag{4.15}$$

$$\alpha_{t_1} = \frac{\rho_{t_2} - \rho_{t_1}}{\rho_{t_1}(t_2 - t_1)} \tag{4.16}$$

[예제 4-2]

0[℃]일 때 저항률의 온도계수가 0.004인 도체의 저항이, 0[℃]일 때 저항의 3배로 될 때 온도는 몇 [℃]가 되는가?

풀이 : $R = R_0(1+\alpha t)$에서

$t = \left(\dfrac{R}{R_0} - 1\right)\dfrac{1}{\alpha}$이므로

$R = 3R_0$, $\alpha = 0.004$를 대입하여 풀면

$\therefore\ t = \left(\dfrac{3R_0}{R_0} - 1\right)\dfrac{1}{0.004} = 500$[℃]

4.2.3 주울의 법칙(전력과 열)

저항 R[Ω]의 도선에 전류 I[A]가 흐르면 V=RI[J/C=V]의 전압강하가 도선의 양단 사이에 발생한다.

따라서 전류 I[A], 전위차 V[V=J/C]일 때 저항 R[Ω]에서 소비되는 전력은

$$P = V\left[\frac{J}{C}\right] \times I\left[\frac{C}{s}\right] = VI = I^2R = \frac{V^2}{R}[J/s = W] \tag{4.17}$$

이 된다. 여기서 1[A]란 1[sec]에 전하1[C]의 이동을 의미한다.

이 전력(전기에너지)은 전류가 흐를 때 이동하는 자유전자가 도체 중의 원자들과 충돌(마찰)로 소비되는 에너지로 주로 열이 되어 도체의 온도를 상승시키는 원인이 되며 이러한 열을 **주울 열**(Joule heat)이라고 한다. 이 열을 열량으로 표시할 때는 **칼로리**(cal)라는 단위를 쓰며 그 관계는 다음과 같다.

$$1[cal] = 4.186[J] \tag{4.18}$$

$$1[J] = 0.24[cal]$$

따라서 저항 R[Ω]의 도선에 전압 V[V]를 인가해 전류 I[A]가 t[s]동안 흐를 때 발생하는 열량은 1[J]의 에너지가 0.24[cal]와 같다는 관계로부터

$$W = 0.24I^2Rt = 0.24VIt = 0.24\frac{V^2}{R}t = 0.24Pt[cal] \tag{4.19}$$

이 되며, 이 관계를 **주울의 법칙**(Joule's law)이라 한다.

4-3 키르히호프의 법칙

4-3-1 키르히호프 제 1법칙(전류 법칙)

제 1법칙은 "폐 회로망 임의의 접합점(junction)에 유입하는 전류 총합과 유출하는 전류총합은 같다"로 정의된다. [그림 4-2](a)처럼 유입하는 전류를 정(+), 유출하는 전류를 부(-)로 하여 제 1법칙을

접합점에 적용하면

$$I_1 - I_2 + I_3 + I_4 - I_5 = 0 \tag{4.20}$$

가 되며, 이 식을 일반적으로 나타내면

$$\sum I_i = 0 \tag{4.21}$$

의 관계식이 성립하며, 접합점에서의 전류의 연속성을 나타낸다.

4-3-2 키르히호프 제 2법칙(전압 법칙)

제 2법칙은 "회로망의 임의의 폐회로에서 기전력의 총합은 저항과

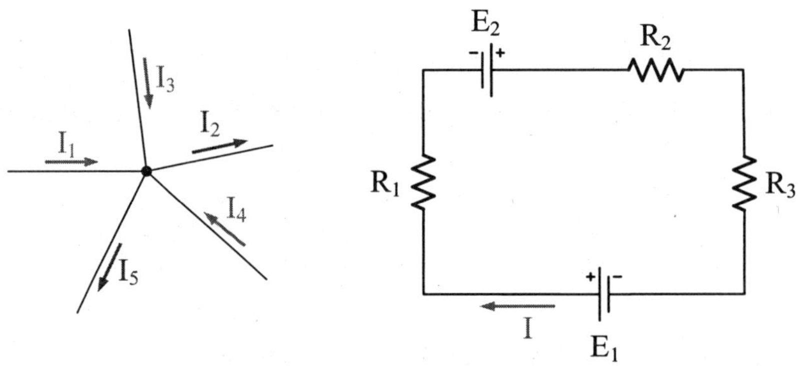

(a) 제 1법칙 (b) 제 2법칙

[그림 4-2] 키르히호프 법칙

전류의 곱에 대한 대수 합과 같다"이다. [그림 4-2](b)와 같은 폐회로에서 시계(화살표)방향으로 일주할 때 같은 방향의 기전력은 정(+) 전압강하는 부(-)로 정하면 제 2법칙은

$$E_1 - IR_1 + E_2 - IR_2 - IR_3 = 0$$

$$E_1 + E_2 = IR_1 + IR_2 + IR_3 \tag{4.22}$$

으로 된다. 이 식을 일반적으로 나타내면 다음과 같다.

$$\sum E_i = \sum I_i R_i \tag{4.23}$$

4-4 전지의 연결

4.4.1 직렬연결

[그림 4-3]은 전지의 내부저항을 고려한 등가회로이다. 전지에 외부저항 R[Ω]을 연결하면 전지의 양 단자 a, b의 전압은 실제의

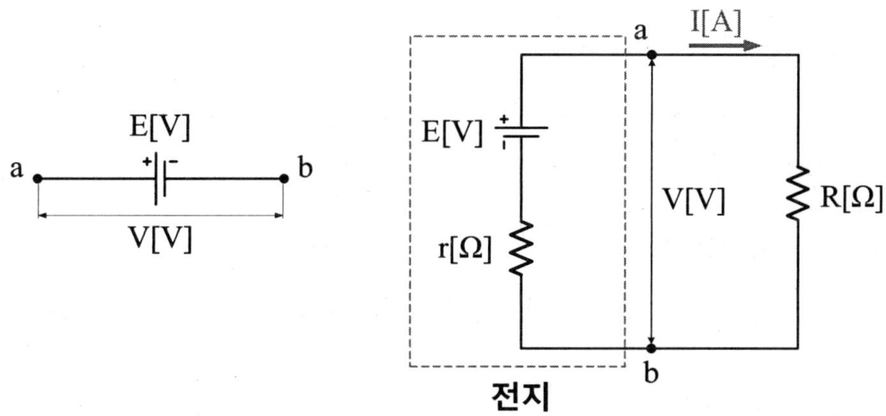

(a) 전지　　　　(b) 등가회로

[그림 4-3] 전지의 등가회로

기전력 E[V]가 나타나지 않고 그보다는 작은 V[V]가 측정된다. 이것은 전지에는 내부저항 r[Ω]이 있어 외부 회로와 연결 시 내부저항에 의한 전압강하 rI[V]가 발생하기 때문이다.

[그림 4-4](a)와 같이 외부저항 R[Ω]에 기전력 E[V], 내부저항 r[Ω]인 건전지 n개를 직렬 연결하여 전류 I[A]가 흐를 경우, 이 회로에 키르히호프 제 2법칙을 적용하면 전류 I[A]를 구하면

$$nE = RI + nrI$$

$$I = \frac{nE}{nr + R} = \frac{E}{r + \frac{R}{n}} [A] \tag{4.24}$$

가 되며 이에 따른 등가회로는 [그림 4-4](b)가 된다.

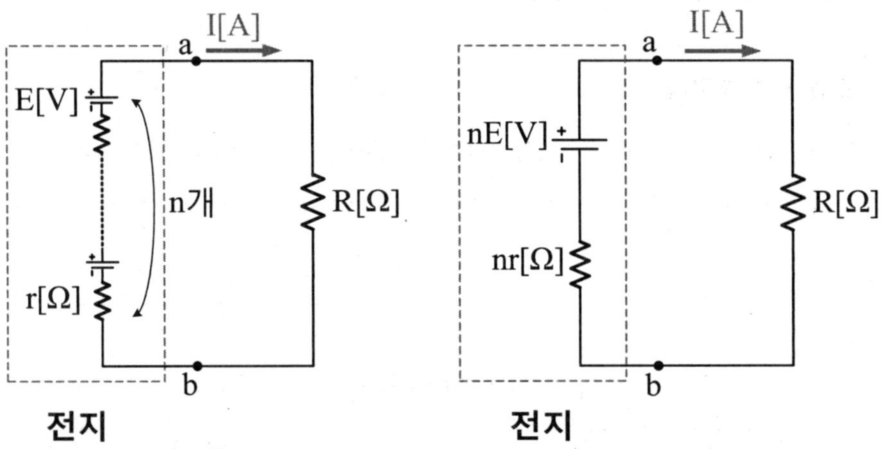

(a) 직렬접속　　(b) 등가회로

[그림 4-4] 전지의 직렬접속

4.4.2 병렬연결

r[Ω]인 건전지 m개를 병렬 연결하여 전류 I[A]가 흐를 경우, 병렬 연결이므로 전지의 기전력의 전체 크기는 변화가 없으며, 합성 내부 저항은 $\frac{r}{m}$[Ω]로 병렬 연결된 개수만큼 반비례하여 감소한다.

따라서 이 회로에 키르히호프 제 2법칙을 적용하면 전류 I[A]를 구하면

$$E = RI + r\frac{I}{m}$$

가 되며, 따라서

$$I = \frac{E}{\frac{r}{m} + R} = \frac{mE}{r + mR}[A] \tag{4.25}$$

가 되며 이에 따른 등가회로는 [그림 4-5] (b)가 된다.

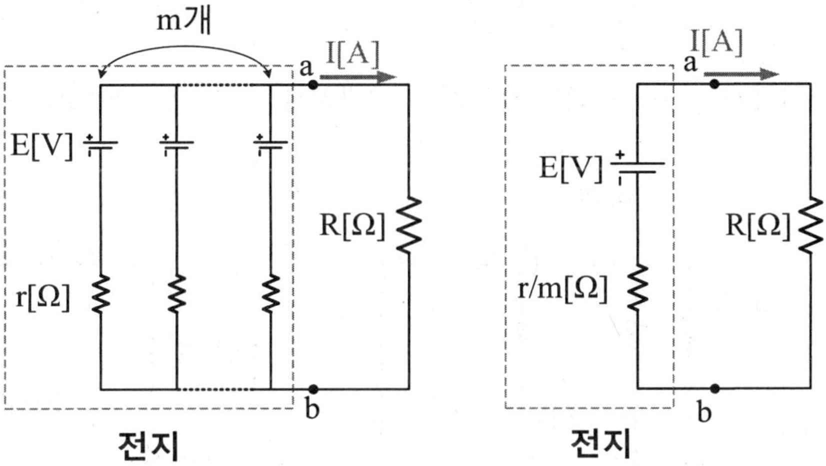

(a) 병렬회로　　(b) 등가회로

[그림 4-5] 건전지의 병렬접속

4.4.3 직병렬 연결

[그림 4-6](a)와 같이 외부저항 R[Ω]에 기전력 E[V], 내부저항 r[Ω]인 건전지를 직렬로 n개 병렬로 m개 연결할 때 외부저항에 흐르는 전류 I[A]를 구하면 다음과 같다.

직렬 회로 개수만큼 기전력과 내부저항은 비례하여 증가하며 병렬 회로 개수만큼 내부저항 반비례하므로 기전력은 nE[V]가 되며, 전체 내부저항은 $n\frac{r}{m}$[Ω]이 된다. 따라서 키르히호프 제 2법칙을 적용

하면

$$nE = RI + nr\frac{I}{m}$$

가 되며, 전류 I[A]는

$$I = \frac{nE}{\frac{nr}{m} + R} = \frac{E}{\frac{r}{m} + \frac{R}{n}} [A] \quad (4.26)$$

의 관계식이 얻어지며, 이에 따른 등가회로는 [그림 4-6](b)와 같다.

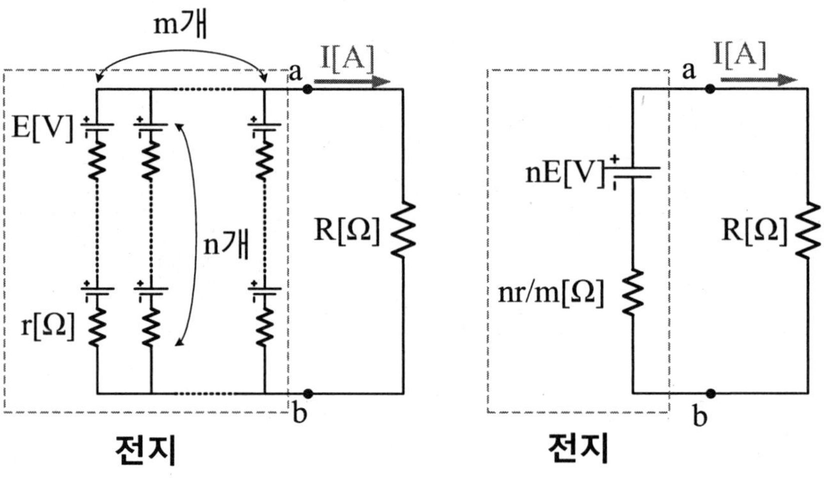

(a) 직병렬회로 (b) 등가회로

[그림 4-6] 건전지의 직병렬 연결

[예제 4-3]

전지로 된 전원의 단자전압을 내부저항 200[Ω]의 전압계로 측정하니 100[V]이고, 내부저항 400[Ω]의 전압계로 측정하니 200[V] 였다. 전지의 기전력과 내부저항은 얼마인가?

풀이 :

$V = E - IR_i$에서

$$40 = E - \frac{E}{R_i + 200} \times R_i = E\left(\frac{200}{R_i + 200}\right) \quad - \text{①}$$

$$60 = E - \frac{E}{R_i + 600} \times R_i = E\left(\frac{600}{R_i + 600}\right) \quad - \text{②}$$

①식에서 $40(R_i + 200) = 200E$ － ③

②식에서 $60(R_i + 600) = 600E$ － ④

식 ③, ④로부터

식 ③×3－④에 대하여 풀면

$60R_i - 12000 = 0 \quad \therefore\ R_i \fallingdotseq 200[\Omega]$ － ⑤

식 ⑤를 ③에 대입하면

$40(200 + 200) = 200E \quad \therefore E = 80[V]$

$\therefore\ E = 80[V]$

그러므로, 전지의 기전력 E는 80[V], 내부저항은 200[Ω]이다.

[예제 4-4]

내부저항 $R_i[\Omega]$, 기전력 E[V]인 전지에 부하저항 R[Ω]을 연결했을 때, 부하에서 소비되는 전력이 최대값으로 되는 R[Ω]값과 최대 전력 P_m을 구하라.

풀이 :

$$P = RI^2 = R\left(\frac{E}{R_i + R}\right)^2 [W]$$

또, P의 최대값 조건은 $\frac{\partial P}{\partial R} = 0 \left(\frac{\partial^2 P}{\partial R^2} < 0\right)$

$$\frac{\partial P}{\partial R} = \frac{\partial}{\partial R} R\left(\frac{E}{R_i + R}\right)^2$$

$$= \frac{E^2(R_i + R)^2 - 2(R_i + R) \cdot RE^2}{(R_i + R)^4} = 0$$

$$R_i + R - 2R = 0$$

$\therefore$ $R = R_i$일 때 최대값

$$\left(\begin{aligned} \frac{\partial^2 P}{\partial R^2} &= \frac{\partial}{\partial R}\left\{\frac{E^2(R_i - R)}{(R_i + R)^3}\right\} \\ &= \frac{E^2\{-(R_i + R)^3 + (R_i - R) \cdot 3(R_i + R)^2 \cdot 1\}}{(R_i + R)^6} \\ &= \frac{E^2(R_i + R)^2\{-(R_i + R) + 3(R_i - R)\}}{(R_i + R)^6} < 0 \end{aligned}\right)$$

또, $P_m = R_i\left(\dfrac{E}{R_i + R_i}\right)^2 = \dfrac{R_i E^2}{4R_i^2} = \dfrac{E^2}{4R_i}$ [W]

4-5 열전 현상

4.5.1 열전 효과(제벡 효과)

[그림 4-7]과 같이 두 종류의 금속 A, B를 접속하여 하나의 폐회로를 만들어 그 두 개의 접합 부분을 다른 온도 T_1, T_2로 유지하면 열기전력을 일으켜 전류가 흐르는 현상을 **열전 효과** 또는 **제벡 효과**(seebeck effect)라 한다.

이때 이 한 쌍의 금속을 **열전대**(thermocouple), 폐회로에 발생하는 기전력을 **열기전력**(thermo electromotive force), 열기전력에 의해 흐르는 전류를 **열전류**라 한다.

이처럼 열기전력이 발생하는 것은 두 금속의 접촉 때문에 생기는 접촉 전위차가 온도에 따라 다르기 때문이다. 이 열기전력의 크기는 금속의 종류, 접합점 온도에 따라 결정되고 접합면적과 관계가 없다. 즉, 두 금속 접촉부의 온도 차가 $\Delta T = T_2 - T_1$일 때 열기전력 ΔV라 하면

$$\Delta V = Q \cdot \Delta T$$

가 된다.

여기서 Q를 **열전능**(thermo electric power)이라 한다.

또한, 실험식으로 $Q = a + bT$로 주어진다.

이 식에서 a, b는 금속에 따라 주어지는 열전상수이고, T는 접합점의 온도 차이다. 만약 접촉 점의 온도가 T_1 ,T_2일 때 열기전력은

$$V = \int_{T_1}^{T_2} Q dT = \int_{T_1}^{T_2} (a + bT) dT \tag{4.27}$$

$$= a(T_2 - T_1) + \frac{1}{2} b(T_2^2 - T_1^2)$$

이 된다.

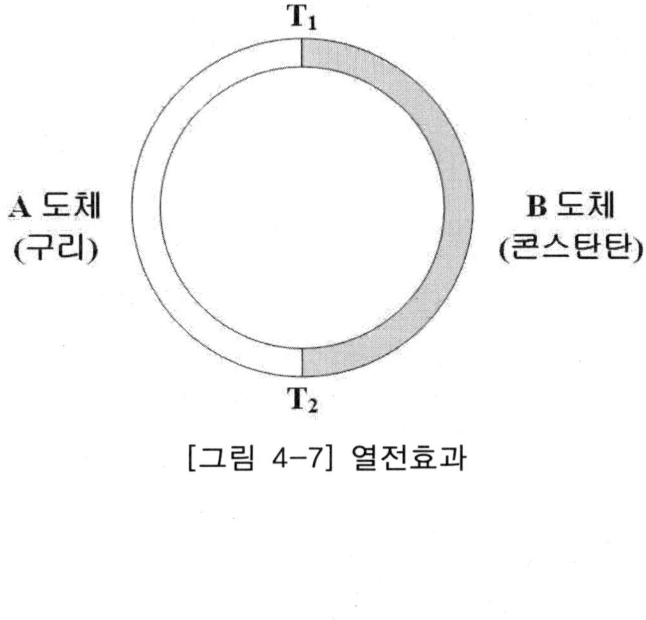

[그림 4-7] 열전효과

4.5.2 펠티에 효과

열전효과의 반대 현상으로 두 종류의 금속으로 폐회로를 만들어 전류를 흘리면 양 접속점에서 열이 흡수(온도 강하)되거나 발생(온도 상승)하는 현상으로 **펠티에 효과**(Peltier effect)라 한다. 이때 발생하는 열량은

$$H = P\int_0^t I dt\,[\mathrm{cal}] \tag{4.28}$$

가 된다. 여기서 P는 펠티에 계수, t[sec]는 전류를 흘리는 시간, I[A]는 폐회로에 흘리는 전류량이다. 전자냉동 등에 응용되고 있다.

4.5.3 톰슨 효과

동일한 금속 도선에서 두 점 간에 온도 차가 있을 때 전류를 흘리면 열의 발생 또는 흡수가 생기는 현상을 **톰슨 효과**(Thomson effect)라 한다. 두 점의 온도 차가 $\Delta T = T_2 - T_1$인 경우 도선을 통과한 전하량을 Q[C]이라 하면, 열량 H는 $H = Q\int_{T_1}^{T_2} \sigma dt\,[\mathrm{cal}]$가 된다. 이때 σ는 금속의 종류 및 온도에 따라 결정되는 상수로 **톰슨 계수**라 한다.

제 5 장

진공 중의 정자계

5-1 자기 현상과 자화

자석이 철편을 끄는 성질을 **자기**(magnetism)이라 하며 작용하는 힘의 강한 부분을 **자극**(magnetic pole)이라 한다. 지구의 북쪽을 가리키는 자극을 북극(north pole, N-pole), 남쪽을 가리키는 극을 남극(south pole, S-pole)이라 하며, S극에서 N극으로 향하는 축을 자축(magnetic axis)이라 한다.

[그림 5-1]과 같이 자극 가까이 철편(a)를 놓았을 때 철편에 S극과 N극이 나타나는 것처럼 물체에 자기를 띠는 자극이 발생하는 것을 **자화**(magnetization), 자화되는 현상을 **자기유도**(magnetic induction), 이처럼 자화되는 물질을 **자성체**(magnetic material)라 부른다.

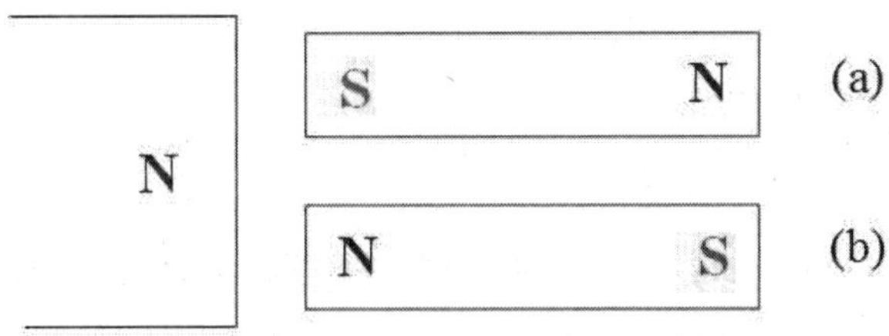

[그림 5-1] 자석과 자화

[그림 5-1](a)처럼 자화되는 물질을 **상자성체**, [그림 5-1](b)와 같이 자화되는 물질을 역자성체, 철, 니켈, 코발트 등과 같이 자화 현상이 강한 것을 **강자성체** 및 **훼리자성체라** 하며 그 예는 다음과 같다.

- 상자성체 : Al, Mn, Pt, W, Sn, O_2, N_2
- 역(반)자성체 : Bi, C, Cu, Si, Ge, S, H_2, He, Ag
- 강자성체 : Fe, Ni, Co 및 이들의 합금
- 훼리자성체 : ferrite($FeO \cdot Fe_2O_3$, $NiFe_2O_4$ 등), Ni-Zn ferrite 등

5-2 쿨롱의 법칙

정자계에서 자극의 세기를 나타내는 자극의 자기량을 **자하**(磁荷 : **magnetic charge**)라 부르며 기호는 m으로 하여 N극에는 +m, S극에는 −m의 자하가 있다고 본다.

자석은 N극과 S극이 서로 분리될 수 없으므로 힘의 측정에 있어서 N극과 S극이 서로 영향을 미치게 된다. 따라서 상대 자극이 서로 영향이 미치지 않을 정도로 매우 가늘고 긴 자석을 가정, 도입하여 정자계의 해석에 이용하며 이러한 자석의 자극을 **점자극**(point magnetic pole)이라 한다.

두 점자극의 세기가 m_1, m_2인 자하가 r[m]만큼 떨어져 있을 때 두 점자극 사이에 작용하는 자기력 F는

$$F = k\frac{m_1 m_2}{r^2}[\mathrm{N}] \qquad (5.1)$$

이 되며, 이 식을 자기에 관한 **쿨롱의 법칙**(Coulomb's law)이라 한다. 이때 자기력의 크기는 두 점자극의 자하량의 곱에 비례하며, 거리의 제곱에 반비례하고, 힘의 방향은 양 자극을 연결하는 직선 위에 있게 된다.

여기서, 자하 m의 단위는 **웨버**(Weber : Wb)라 하여 [Wb]로 표기하며 1[Wb]란 진공 중에 r=1[m] 떨어진 두 점자극의 자하($m_1 = m_2$)사이에 작용하는 힘이 6.33×10^4[N]일 때의 자하량으로 정의한다. 따라서 $k = 6.33 \times 10^4$이 되며, 따라서 식 (5.1)은

$$F = 6.33 \times 10^4 \frac{m_1 m_2}{r^2}[\mathrm{N}] \qquad (5.2)$$

이 되며, MKS 단위계에서는

$$6.33 \times 10^4 = \frac{1}{4\pi\mu_0}$$

라 놓으므로, μ_0는 다음과 같이 된다.

$$\mu_0 = \frac{1}{4\pi \times 6.33 \times 10^4} \tag{5.3}$$

$$= 4\pi \times 10^{-7}$$

$$= 1.26 \times 10^{-6}$$

$$= \epsilon_0 C^2 [H/m]$$

μ_0는 **진공의 투자율**(permeability of free space)이며, 단위는

$$[\mu_0] = [Wb^2/N \cdot m^2] = [H/m] \tag{5.4}$$

가 된다. 여기서 [H]는 인덕턴스의 단위 henry, C는 진공 중 빛의 속도 $3 \times 10^8 [m/c]$를 의미한다.

따라서 식(5.1)의 Coulomb의 법칙은

$$F = \frac{1}{4\pi\mu_0}\frac{m_1m_2}{r^2}[N] \tag{5.5}$$

이 되며, 벡터식으로 표시하면

$$\mathbf{F} = \frac{1}{4\pi\mu_0}\frac{m_1m_2}{r^2}\mathbf{r}_0[N] \tag{5.6}$$

이며, 여기서 $\mathbf{r}_0$는 힘의 방향을 가리키는 단위벡터이다.

진공 이외의 매질에서는 매질의 투자율에 영향을 받으며, 따라서 Coulomb의 법칙은

$$F=\frac{1}{4\pi\mu}\frac{m_1m_2}{r^2}=\frac{1}{4\pi\mu_0\mu_s}\frac{m_1m_2}{r^2}[N] \tag{5.7}$$

이 된다. μ는 자성체의 **투자율**(permeability)로

$$\mu=\mu_0\mu_s$$

와 같으며, μ_0는 진공 중 투자율, μ_s는 **비투자율**(relative permeability)이 된다.

[예제 5-1]

공기 중에서 자극의 세기가 2.5[μWb]와 4×10^{-3}[Wb]인 두 자하 사이에 작용하는 힘이 6.33[N]이었다면, 두 자하 사이의 거리[mm]는 얼마인가?

풀이 : $F=\frac{1}{4\pi\mu_0 r^2}\frac{m_1m_2}{r^2}=6.33\times10^4\times\frac{m_1m_2}{r^2}$에서

$r^2=\frac{6.33\times10^4\times m_1m_2}{F}$이므로

$$\therefore\ r=\sqrt{\frac{6.33\times10^4\times m_1m_2}{F}}$$

$$=\sqrt{\frac{6.33\times10^4\times2.5\times10^{-6}\times4\times10^{-3}}{6.33}}$$

$$=10^{-2}\ [m]$$

$$=10\ [mm]$$

※ 참고 $10^{-2}[m]=10^{-2}[m]\times\frac{10^3[mm]}{1[m]}=10[mm]$

5-3 자 계

자석 주위에 자기력이 미치는 공간을 **자계**(magnetic field) 혹은 **정자계**(static magnetic field)라 부른다.

자계 중 한 점에 단위 정자하 +1[Wb]를 놓았을 때 작용하는 힘을 그 점에 대한 **자계의 세기**(magnetic field intensity)라 정의한다. 자계의 세기는 벡터량으로 기호 H로 표시하며, 이때 H의 단위는 [N/Wb]나 [AT/m]를 사용한다.

진공 중 정자하 +m[Wb]에 의한 자계 내 r[m]되는 점 P에서의 자계의 세기는 정의에 따라 식(5.5)에 $m_1 = m$[Wb], $m_2 = 1$[Wb]를 대입하면

$$H = \frac{1}{4\pi\mu_0}\frac{m}{r^2}[N/Wb] \tag{5.8}$$

이 되며, 벡터식으로 표시하면

$$\mathbf{H} = \frac{1}{4\pi\mu_0}\frac{m \times 1}{r^2}\mathbf{r}_0 = \frac{1}{4\pi\mu_0}\frac{m}{r^2}\mathbf{r}_0[N/Wb] \tag{5.9}$$

가 된다.

이 식에서 **H**의 방향은 N극에 대해서는 반발하는 방향, S극에 대해서는 끌리는 방향이 되므로, 여러 종류의 점자극에 의한 한 점의 자계의 세기는 각각의 자하에 의한 자계의 벡터 합이 된다.

또한, 자계의 세기 H되는 점에 m[Wb]의 점자하를 놓았을 때 점자하가 받는 힘이 F[N]이라 할 때 그 점의 자계의 세기는

$$H = \frac{F}{m}[Wb] \tag{5.10}$$

자하가 받는 힘은

$$F = mH[N] \tag{5.11}$$

가 되며, 자계의 세기와 쿨롱의 법칙과의 관계를 나타낸다.

[예제 5-2]

진공 중에서 +5[Wb]와 −10[Wb]의 두 점 자하가 r=1[m]의 거리에 있을 때, 두 자하 사이 중점 P의 자계의 크기는 몇 [Wb]인가?

풀이 :

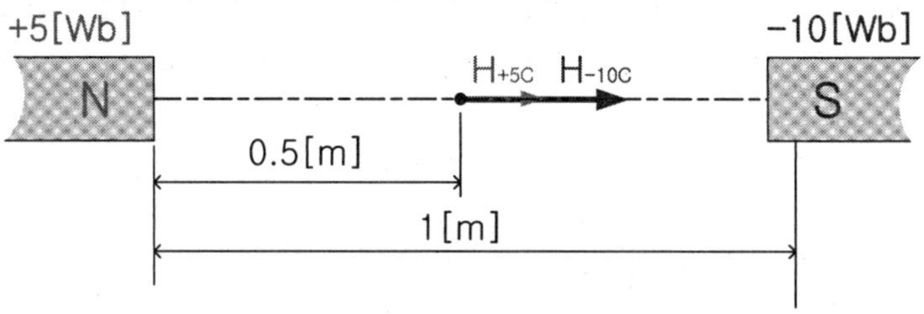

$H = \dfrac{1}{4\pi\mu_0}\dfrac{m}{r^2}$ 을 이용하여

$H_P = H_{+5C} - H_{-10C}$ 에서

$$H_P = \frac{1}{4\pi\mu_0}\frac{m_1}{\left(\frac{r}{2}\right)^2} - \frac{1}{4\pi\mu_0}\frac{m_2}{\left(\frac{r}{2}\right)^2}$$

$$= \frac{1}{4\pi\mu_0}\frac{1}{\left(\frac{r}{2}\right)^2}(m_1 - m_2)$$

$$= 6.33\times 10^4 \times 4(5+10)$$

$$= 6.33\times 10^4 \times 60$$

$$\fallingdotseq 3.80\times 10^6 [AT/m]$$

5-4 자기력선

자계 내에서 자기력이 작용하는 모양을 쉽게 이해할 수 있도록 자기력의 작용하는 크기와 방향을 화살표를 이용한 그림으로 나타낸 것이 자기력선이다.

이처럼 **자기력선**(line of magnetic force) 또는 **자력선**이란 자계 내에서 단위 정자극(+1[Wb])이 아무 저항 없이 움직일 수 있다고 가정하였을 때 단위 정자극이 자기력에 의해 이동하면서 그려지는 선으로 정의하였으며 다음과 같은 성질을 보인다.

첫째, 자력선은 N극에서 나와 S극에서 끝난다.

둘째, 같은 방향으로 향하는 자기력선은 서로 반발한다.

셋째, 자력선은 서로 교차하지 않는다.

넷째, [그림 5-2](a)와 같이 자계 내 임의 면을 수직으로 지나는 자력선밀도[lines/m^2]는 그 면에서의 자계의 세기 H[N/Wb]와 같다.

따라서 다음과 같이 정의된다.

$$H[lines/m^2] = H[N/Wb] \quad (5.12)$$

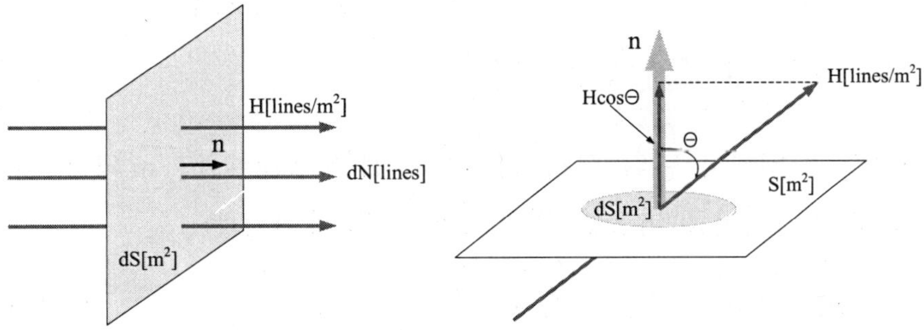

(a) 0°　　(b) ϴ

[그림 5-2] 자기력선

그러나 [그림 5-2](b)와 같이 자기력선과 면이 수직하지 않을 때 자계의 세기와 자기력선의 관계는 다음과 같이 설명된다.

자계의 세기 H[lines/m^2]=H[N/Wb]의 dS[m^2]에 대한 법선 성분은 H$\cos\theta$이므로 임의면 dS[m^2]를 수직으로 통과하는 자기력선 수는

$$dN = H\cos\theta dS = \mathbf{H}\cdot\mathbf{n}dS$$

가 된다.

따라서 면 S를 지나는 자기력선 총수는

$$\int\int_S H\cos\theta dS = \int\int_S \mathbf{H}\cdot\mathbf{n}dS \tag{5.13}$$

가 된다. 여기서 **n**은 면 dS[m^2]에 대한 법선 단위벡터이다.

5-5 자 위

자계 내 한 점 P의 자위는 '단위 정자하(+1[Wb])를 자계의 세기가 0인 무한원점에서 자계 중 임의의 점 P까지 운반하는데 필요한 일의 양'으로 정의하며 이것을 식으로 나타내면 다음과 같다.

$$U_P = -\int_{\infty}^{P} H\cdot dr[AT = J/Wb] \tag{5.14}$$

[그림 5-3]에서 단위 정자하를 자계 **H**[N/Wb=AT/m]와 반대 방향으로 dr[m]만큼 이동할 때 요구되는 일(에너지)은

$$dU = -\mathbf{H}\cdot \mathbf{d}\mathbf{r}[AT = J/Wb] \tag{5.15}$$

이 되며, 단위는 [AT](ampere turn) 또는[A] (ampere)를 사용한다. 그러므로 두 점 A, B사이의 자위 차는 단위 정자하(+1[Wb])를

점 B에서 A까지 움직이는데 필요한 일이 되며 다음 식과 같이 된다.

$$U_{AB} = U_A - U_B = -\int_B^A H \cdot dr [AT = J/Wb] \tag{5.16}$$

[그림 5-3]으로 부터 점 자극 +m[Wb]로부터 거리 r[m]만큼 떨어진 점의 P의 자위는 다음 식이 된다.

$$U_P = -\int_\infty^r H \cdot dr = \frac{1}{4\pi\mu_0}\frac{m}{r}[J/Wb = AT] \tag{5.17}$$

자위의 단위는 기호 [J/Wb]나 [AT]를 사용하며, 1[AT=J/Wb]는 1[Wb]의 단위 정자하(+1[Wb])를 운반할 때 요구되는 일이 1[J]일 때의 두 점 사이의 자위차를 말한다.

자위는 스칼라량이므로 여러 점 자극 m_1, m_2, m_3, …, m_n에 의한 자계 내 한 점의 자위는 각 점 자극에 의한 자위를 대수적으로 합하면 된다.

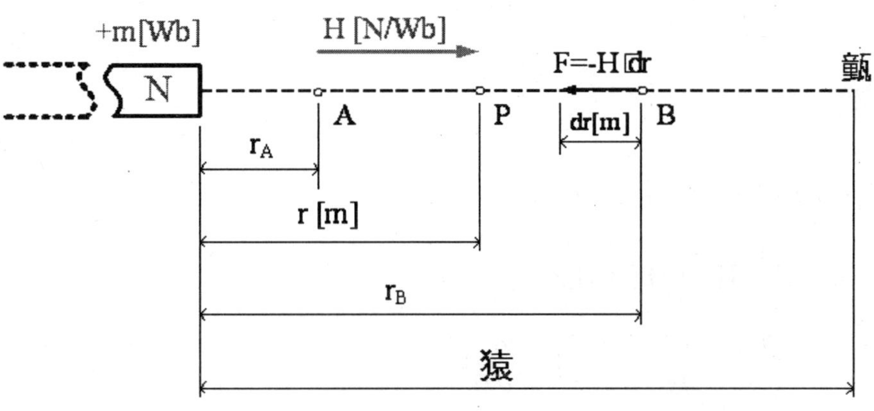

[그림 5-3] 점자극 내의 자위 및 자위차

$$U = \frac{1}{4\pi\mu_0}\sum_{i=1}^{n}\frac{m_i}{r_i}[AT] \tag{5.18}$$

자계 내에서 단위 정자극(+1[Wb])을 자계와 반대 방향으로 dr[m]만큼 움직였을 때 필요한 일 dU는

$$dU = -\mathbf{H} \cdot \mathrm{d}\mathbf{r} = -H\cos\theta dr [J/Wb]$$

가 되며, 여기서 θ는 **H**와 d**r**의 사이 각이다.

위 식은

$$H\cos\theta = -\frac{dU}{dr} \tag{5.19}$$

가 되며, 이 식은 자계의 d**l**방향 크기는 자위 U[AT]의 dl방향 기울기 즉 **자위경도**(磁位傾度)와 같다는 의미를 나타낸다.

자계의 세기를 x, y, z방향에 대한 자위 U[AT]의 변화율로 나타내면

$$H_x = -\frac{dU}{dx} = -\frac{\partial U}{\partial x} [N/wb]$$

$$H_y = -\frac{dU}{dy} = -\frac{\partial U}{\partial y} [N/wb]$$

$$H_z = -\frac{dU}{dz} = -\frac{\partial U}{\partial z} [N/wb]$$

이며, 따라서 자계의 세기는

$$\begin{aligned} \mathbf{H} &= H_x\mathbf{i} + H_y\mathbf{j} + H_z\mathbf{k} \\ &= -\left(\frac{\partial U}{\partial x}\mathbf{i} + \frac{\partial U}{\partial y}\mathbf{j} + \frac{\partial U}{\partial z}\mathbf{k}\right) \\ &= -\left(\frac{\partial}{\partial x}\mathbf{i} + \frac{\partial}{\partial y}\mathbf{j} + \frac{\partial}{\partial z}\mathbf{k}\right)U \\ &= -\nabla U \\ &= -\mathrm{grad}U [V/m] \end{aligned}$$

이다. 따라서, 식(5.19)는 3차원 미분 연산자 나블라(∇)를 사용하여 다음과 같이 된다.

$$H = -\text{grad}U \,[\text{AT/m}] \tag{5.20}$$

이 식은 자계의 세기와 자위와의 관계식이 된다. 또한, 자위 경도(변화율)는 자계의 세기와 크기는 같으나 방향은 반대 방향이다.

5-6 자기 쌍극자

크기가 같고, 서로 다른 극성의 자극(N, S)이 극히 매우 짧은 거리로 떨어져 있는 한 쌍의 점자극(소자석)을 **자기쌍극자**라 한다.

[그림 5-4]와 같이 자극의 세기 $\pm m$[Wb], 길이 δ[m]인 소자석 주위의 임의의 점 P의 자위 U_P[A] 및 자계의 세기 H_P[N/Wb]는 다음과 같다.

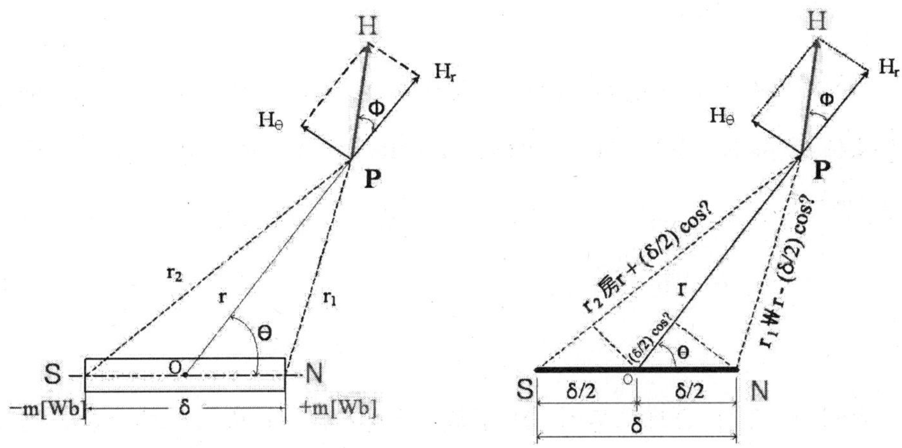

(a) 0°　　(b) θ

[그림 5-4] 자기 쌍극자(소자석)

소자석의 중심 O를 좌표의 원점으로 하여 소자석 주위의 점 P의 좌표를 극좌표 P(r, θ)로 하였을 때 점 P의 자위 U_P는

$$U_p = \frac{m}{4\pi\mu_0}\left(\frac{1}{r_1} - \frac{1}{r_2}\right) \tag{5.21}$$

이 되며

$$r_1 \fallingdotseq r - \frac{\delta}{2}\cos\theta, \quad r_2 \fallingdotseq r + \frac{\delta}{2}\cos\theta$$

이고, 이 식을 식(6.21)에 대입하여 정리하면

$$U_p = \frac{m}{4\pi\mu_0}\frac{\delta\cos\theta}{r^2 - \dfrac{\delta^2}{4}\cos^2\theta} \tag{5.22}$$

$r \gg \delta$이므로 $\dfrac{\delta^2}{4}\cos^2\theta \fallingdotseq 0$으로 놓으면 자위 U_P는

$$U_P \fallingdotseq \frac{M\cos\theta}{4\pi\mu_0 r^2} \tag{5.23}$$

가 된다. 여기서, mδ는 자석의 크기를 표시하는 양으로 자석의 **자기능률**(磁氣能率) 또는 **자기모멘트**(magnetic moment)라 하며 M으로 표시하면

$$M = m\delta[\text{Wb}\cdot\text{m}] \tag{5.24}$$

가 된다.

쌍극자 중심 O으로부터 점 P의 극좌표는 (r, θ)이므로 점 P에서 전계 H를 r방향의 성분 H_r와 r에 수직인 θ방향 성분 H_θ로 분해하여 구 좌표계로 표시하면

$$H = -\text{grad}U \tag{5.25}$$

$$= -\left(\frac{\partial}{\partial r}a_r + \frac{\partial}{r\partial\theta}a_\theta\right)U$$

$$= -\left(\frac{\partial U}{\partial r}\mathbf{a}_r + \frac{\partial U}{r\partial\theta}\mathbf{a}_\theta\right)$$

$$= H_r\mathbf{a}_r + H_\theta\mathbf{a}_\theta [V/m]$$

로 놓을 수 있으며, 여기서 $\mathbf{a}_r$, $\mathbf{a}_\theta$는 r과 θ방향의 단위벡터이다.

따라서

$$H_r = -\frac{\partial U}{\partial r} = 2\frac{M\cos\theta}{4\pi\mu_0 r^3}[AT/m] \tag{5.26}$$

$$H_\theta = -\frac{\partial U}{r\partial\theta}a_\theta = \frac{M\sin\theta}{4\pi\mu_0 r^3}[AT/m] \tag{5.27}$$

가 된다.

따라서 점 P에서 자계의 크기와 방향은 다음과 같이 표현된다.

$$H = \sqrt{H_r^2 + H_\theta^2} = \frac{M}{4\pi\mu_0 r^3}\sqrt{1+3\cos^2\theta}[AT/m] \tag{5.28}$$

$$\phi = \tan^{-1}\left(\frac{H_\theta}{H_r}\right) = \tan^{-1}\left(\frac{\sin\theta}{2\cos\theta}\right) = \tan^{-1}\left(\frac{1}{2}\tan\theta\right) \tag{5.29}$$

5-7 판 자석

[그림 5-5]와 같이 양면에 N, S 자극을 지닌 얇은 판 형태의 자석을 **판 자석**이라 한다.

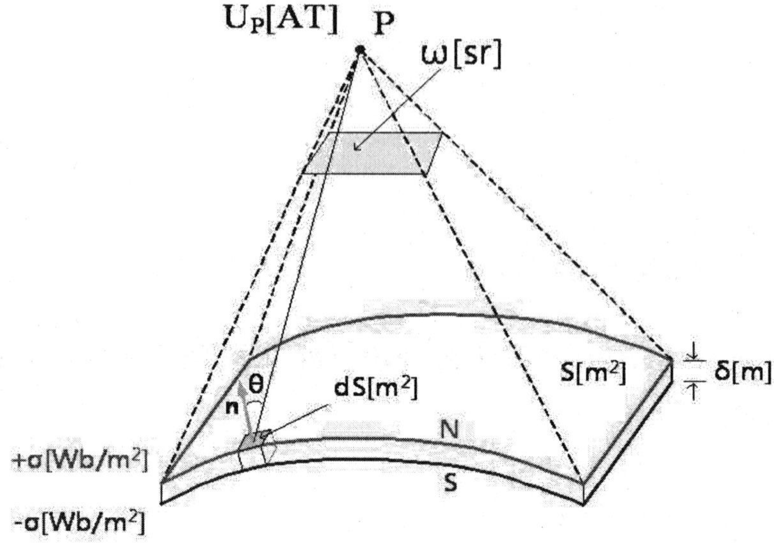

[그림 5-5] 판 자석

판 자석 표면의 자하 밀도를 $\pm\sigma$[Wb/m^2], 두께를 δ[m]라 할 때, 판 자석상의 미소 면적 dS[m^2]에 의한 점 P의 자위를 dU[AT]라고 하면, 이 dS[m^2]부분의 양면 자하 $\pm\sigma$dS[Wb]를 자극으로 하는 길이 δ[m]의 자기 쌍극자로 볼 수 있으므로, 이 자기 쌍극자에 의한 점 P의 자위 dU[AT]는

$$\mathrm{dU} = \frac{1}{4\pi\mu_0}\frac{\sigma\delta \mathrm{dS}\cos\theta}{\mathrm{r}^2} = \frac{1}{4\pi\mu_0}\frac{\mathrm{PdS}\cos\theta}{\mathrm{r}^2}\,[\mathrm{J/Wb}] \tag{5.30}$$

가 된다. 여기서, $\sigma\delta = \mathrm{P}$ [Wb/m]는 **판 자석의 단위면적당 자기모멘트**이며 **판 자석의 세기**이다.

판 자석 전체에 대한 자위 U[AT]는

$$\mathrm{U} = \frac{\mathrm{P}}{4\pi\mu_0}\iint_{\mathrm{S}}\frac{\mathrm{dS}\cos\theta}{\mathrm{r}^2}[\mathrm{J/Wb}] \tag{5.31}$$

이다.

위 식에서 $\iint_S \frac{dS\cos\theta}{r^2}$는 판자석 전표면적 $S[m^2]$가 점 P에 대하여 갖는 입체각 $\omega[sr]$이므로, 식 (5.31)은

$$U_P = \frac{P}{4\pi\mu_0}\omega[J/Wb] \tag{5.32}$$

가 된다.

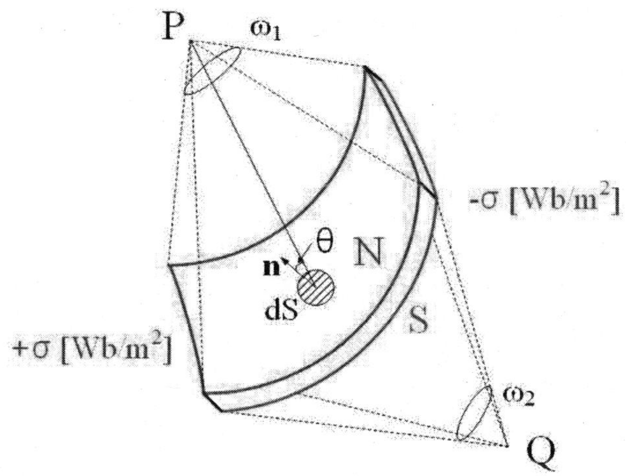

[그림 5-6] 판 자석

점 Q의 판 자석 아래 면에 대한 입체각을 ω_2라 하면 판 자석 아래면 측의 점 Q의 자위는

$$U_Q = \frac{-P}{4\pi\mu_0}\omega_2[J/Wb] \tag{5.33}$$

이 되므로, 판 자석 양면 두 점 P, Q의 자위 차는

$$U = U_P - U_Q = \frac{P}{4\pi\mu_0}\omega_1 - \left(\frac{-P}{4\pi\mu_0}\omega_2\right) = \frac{P}{4\pi\mu_0}(\omega_1 + \omega_2)\,[J/Wb]$$

판 자석 양면 두 점 **P, Q**의 입체각이 같을 때 $(\omega_1 = \omega_2 = \omega)$, 자위 차는

$$U_{PQ} = \frac{P}{4\pi\mu_0}(\omega_1 + \omega_2) = \frac{P}{4\pi\mu_0}(\omega + \omega) = \frac{P}{2\pi\mu_0}\omega[J/Wb]$$

$$\therefore \ U = \frac{P}{2\pi\mu_0}\omega[J/Wb] \qquad (5.34)$$

가 된다.

점 P,Q가 판 자석 양쪽 면에 무한히 접근할 때 입체각 $\omega = 2\pi$가 되므로, 판 자석 양면 간 자위 차는 다음 식이 된다.

$$U = \frac{P}{\mu_0}[J/Wb] \qquad (5.35)$$

[예제 5-3]

자극의 세기가 m[Wb/m]인 판자석의 N극으로부터 r[m] 떨어진 점 P에서 자위를 구하는 식은?
(단, 점 P 에서 판자석을 보는 입체각은 ω라 한다.)

풀이 : 그림의 판자석에서 미소면적 $dS[m^2]$를 소자석으로 보면 dS 부분에 의한 점 P의 자위 dU[AT]는

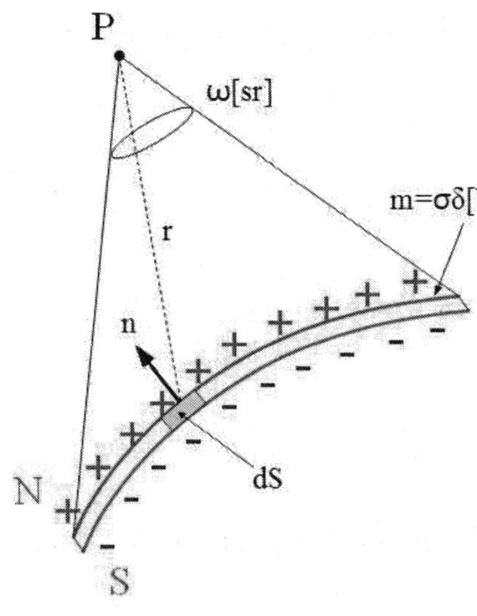

$$dU = \frac{1}{\mu_0} \cdot \frac{M\cos\theta}{r^2}$$

$$= \frac{1}{4\pi\mu_0} \cdot \frac{\sigma\delta dS\cos\theta}{r^2} = \frac{m}{4\pi\mu_0} \cdot \frac{dS\cos\theta}{r^2} = \frac{m}{4\pi\mu_0} d\omega$$

따라서 판 자석 전체에 대한 자위 U[AT]는

$$U = \int_S dU = \frac{m}{4\pi\mu_0}\int_S d\omega = \frac{m}{4\pi\mu_0}\omega\,[A]$$

(단, $\omega = \frac{S}{r^2} = 2\pi(1-\cos\theta) = 2\pi\left(1 - \frac{x}{\sqrt{x^2+a^2}}\right)[sr]$)

[예제 5-4]

자하 밀도 σ[Wb/m^2], 두께 d[m]인 판 자석의 N극으로부터 r[m] 떨어진 점 P에서의 자위를 구하시오. 단, 점 P에서 판 자석을 보는 입체각은 ω이다.

풀이 :

판 자석의 세기 $P = \sigma d$[Wb/m]

판 자석에 의한 자위는 $U = \frac{P}{4\pi\mu_0}\omega$[AT]이므로

$$\therefore\ U_p = \frac{\sigma \cdot d}{4\pi\mu_0}\omega\,[AT]$$

[예제 5-5]

판 자석의 세기 $P = 0.01$[Wb/m], 반지름 $r = 5$[cm]인 원형의 판 자석이 있다. 판 자석 중심축 상 10[cm]인 점 P에서의 자위를 구하시오.

풀이 :

판 자석에 의한 자위는 $U = \frac{P}{4\pi\mu_0}\omega[AT]$

$$\omega = 2\pi(1-\cos\theta) = 2\pi\left(1 - \frac{0.1}{\sqrt{0.05^2 + 0.1^2}}\right) ≒ 0.66[sr]$$

$$\therefore\ U = \frac{P}{4\pi\mu_0}\omega = 0.01 \times 6.33 \times 10^4 \times 0.66 ≒ 418[AT]$$

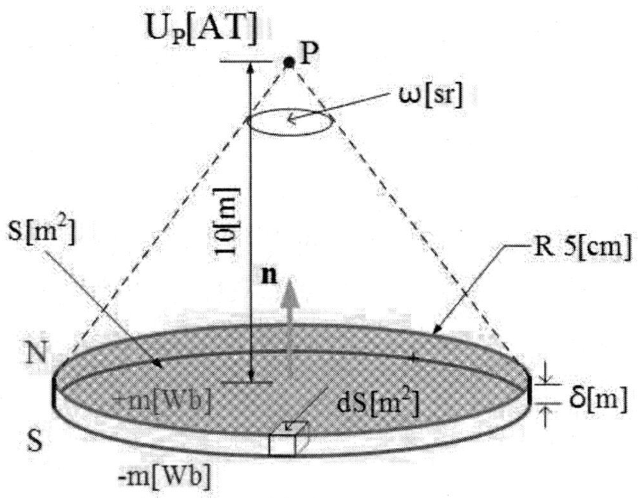

제 6 장

전류에 의한 자계와 자성체

6-1 암페어의 오른나사(오른손) 법칙

직선 도선에 흐른 전류에 의한 자계의 방향은 [그림 6-1]과 같이 오른손의 엄지손가락 방향으로 전류가 흐르면 다른 네 손가락이 감는 방향으로 자계가 발생하며, 네 손가락이 감는 방향으로 전류가 흐르면 엄지손가락 방향으로 자계(磁界)가 발생한다.

전류가 오른나사의 진행 방향으로 흐르면 자계는 오른나사의 회전 방향으로 발생하고, 전류가 오른나사의 회전 방향으로 흐르면 자계는 오른나사의 진행 방향으로 생긴다고 하여 **암페어의 오른나사 법칙**(Ampere's right screw rule)이라 한다.

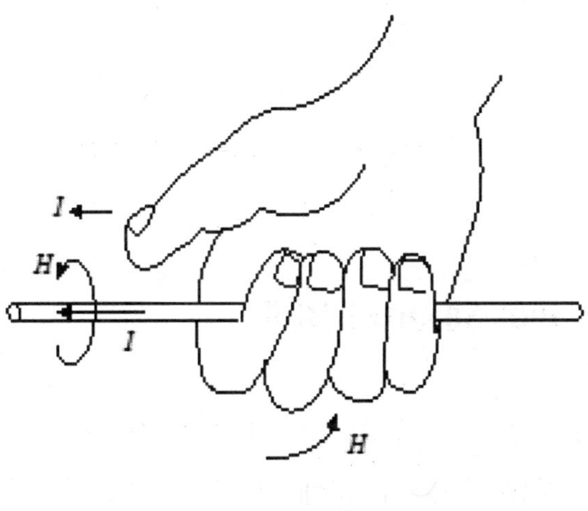

[그림 6-1] 암페어의 오른손 법칙

[그림 6-2]는 각종 전류에 의한 자계의 방향으로 직선 도선의 전류에 의한 자계이며, ⊙는 전류가 지면에서 나오는 경우이며 ⊗는 전류가 지면으로 들어가는 경우를 나타낸다.

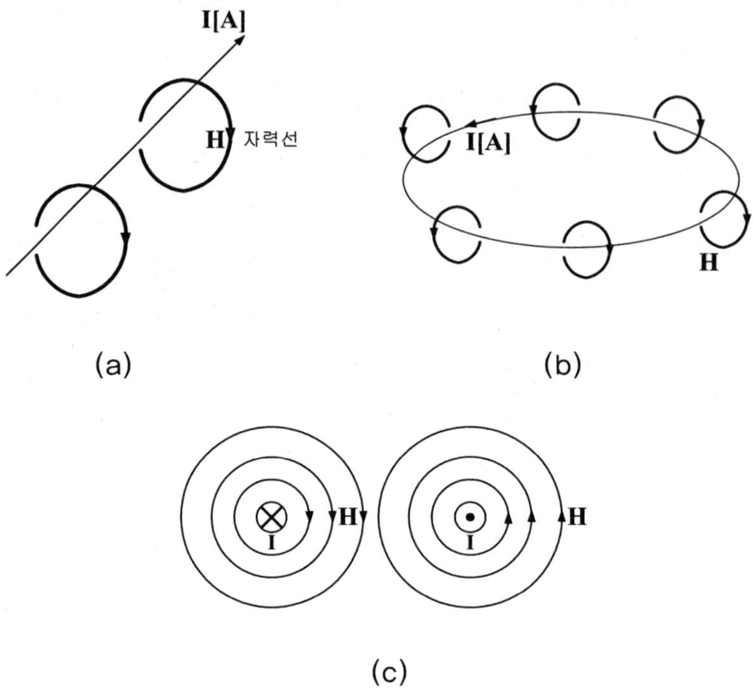

[그림 6-2] 전류와 자력선

6-2 Biot-Savart의 법칙

[그림 6-3]과 같이 임의의 모양의 도선에 전류 I[A]가 흐를 때, 도선의 미소부분(微小部分) dl에 흐르는 전류선분(電流線分) Idl에 의한 점 P의 자계 세기 dH는

$$dH = \frac{I \cdot dl \sin\theta}{4\pi r^2} \,[AT/m] \tag{6.1}$$

와 같이 주어진다. 여기서 **r**은 dl에서 점 P까지 거리이며, θ는 dl과 **r**사이의 각이다. 그리고 dH의 방향은 거리 벡터 **r**과 dl로 이루는 평

면에 수직이고, dl에서 **r**로 회전에 의한 오른나사 법칙에 따라 결정된다. 이 법칙을 **비오-사바르의 법칙**(Biot-Savart's law)이라 한다.

그러므로 전류가 흐르는 도선 전체에 의한 자계의 세기는

$$H = \int_A^B dH = \frac{I}{4\pi}\int_A^B \frac{dl\sin\theta}{r^2}\,[AT/m] \tag{6.2}$$

가 된다.

Biot-Savart의 법칙을 벡터 식으로 표현하면

$$dH = \frac{I \cdot dl\ \sin\theta}{4\pi r^2}\boldsymbol{r}_0 = \frac{I}{4\pi}\frac{dl\times \mathbf{r}_0}{r^2} = \frac{I}{4\pi}\frac{dl\times \mathbf{r}}{r^3}\,[AT/m] \tag{6.3}$$

$$H = \frac{I}{4\pi}\int_A^B \frac{dl\sin\theta\times \mathbf{r}_0}{r^2}\,[AT/m] \tag{6.4}$$

여기서, $\mathbf{r}_0$는 dl에서 점 P로 향하는 단위벡터이다.

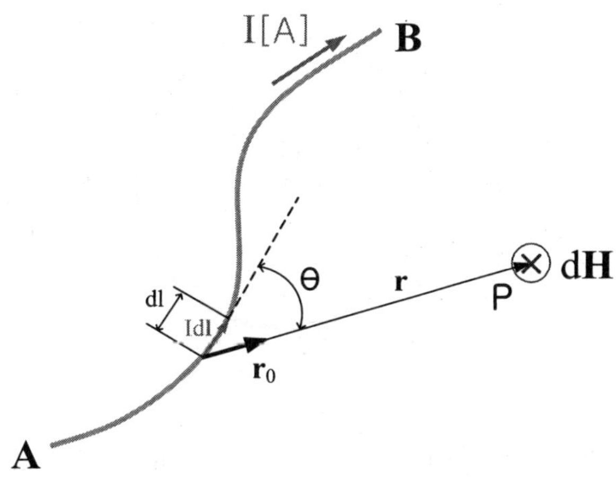

[그림 6-3] Biot-Savart 법칙

6-2-1 원형 coil 중심의 자계

[그림 6-4]와 같이 원형 coil의 미소부분 dl에 흐르는 전류 Idl의 한 중심의 자계의 세기 dH는 **Biot-Savart의 법칙**에 의해

$$dH = \frac{Idl}{4\pi r^2}\sin\theta = \frac{Idl}{4\pi r^2}\sin 90^\circ = \frac{Idl}{4\pi r^2} \tag{6.5}$$

이다. 여기서, dl과 $\mathbf{r}$의 사이 각 $\theta = 90^\circ$이므로 $\sin 90^\circ = 1$이다.

따라서, 식 (6.5)의 dH를 원형 coil의 둘레 $2\pi r$에 대하여 적분하면 전류 I[A]가 흐르는 원형 coil 중심의 자계의 세기 H는

$$\begin{aligned} H = \int_0^{2\pi r} dH = \int_0^{2\pi r} \frac{Idl}{4\pi r^2} = \frac{I}{4\pi r^2}\int_0^{2\pi r} dl = \frac{I}{4\pi r^2}[r]_0^{2\pi r} \\ = \frac{I}{4\pi r^2} 2\pi r \\ = \frac{I}{2r}[AT/m] \end{aligned} \tag{6.6}$$

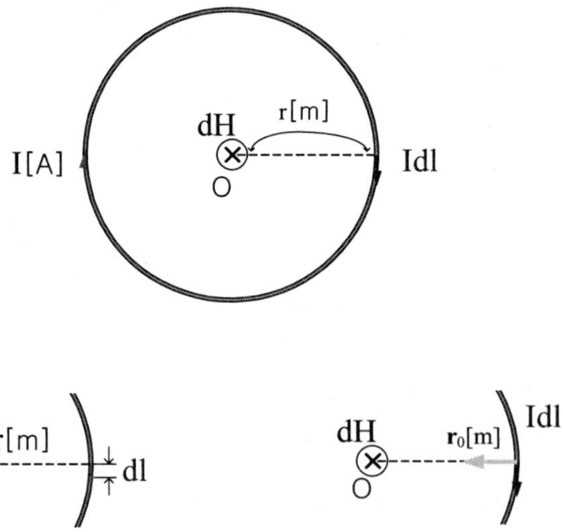

[그림 6-4] 원형 코일 중심의 자계

가 된다. 또한, 원형 coil이 N회 감겨져 있을 경우 H는

$$H = \frac{NI}{2r}[AT/m] \tag{6.7}$$

이다.

[예제 6-1]

직경 50[cm], 권수 5회의 원형 코일에 2[A]의 전류를 흘릴 때, 코일 중심의 자계 H_0를 구하여라. 또, 직경 10[cm]일 때, 코일 중심의 자계가 같으려면 권수를 몇 회 감으면 되는가?

풀이 :

1) d = 0.5[m], N = 5[turns], I = 2[A]일 때 자계 H_0는

$$H_0 = \frac{NI}{2r} = \frac{5 \times 2}{2 \times 0.25} = 20[AT/m]$$

2) d = 0.1[m], I = 2[A], H_0 = 2[AT/m]일 때 권수 N′는

$$N' = \frac{2rH_0}{I} = \frac{2 \times 0.1 \times 20}{2} = 1[turns]$$

6-2-2 원형 coil 중심축 상의 자계

[그림 6-5(a)]와 같이 반지름 a[m]의 원형 coil에 흐르는 전류 I[A]에 의한 중심축 상의 x[m]되는 점 P의 자계 H는 다음과 같다.

원주 상의 미소부분 dl에 흐르는 미소 전류선분 Idl에 의한 점 P의 자계의 세기 dH는 $\theta = 90°$이므로

$$dH = \frac{Idl}{4\pi r^2} = \frac{Idl}{4\pi(a^2 + x^2)}[AT/m] \tag{6.8}$$

그러나 [그림 6-5(b)]와 같이 축의 수직 성분 dH_y는 Idl의 반대편

대칭 전류 선분에 의한 자계와 서로 상쇄되어 0이 되므로, 축방향 성분 dH_x만 남게 되며 식(6.8)은 다음 식이 된다.

$$dH_x = dH\sin\theta = \frac{Idl}{4\pi(a^2+x^2)}\frac{a}{\sqrt{a^2+x^2}} \tag{6.9}$$

따라서, 원형 coil의 전체 전류에 의한 자계의 세기 H는

$$H = \int_0^{2\pi a} dH_x = \int_0^{2\pi a} dH\sin\theta \tag{6.10}$$

$$= \frac{I}{4\pi(a^2+x^2)}\frac{a}{\sqrt{a^2+x^2}}\int_0^{2\pi a} dl$$

$$= \frac{a^2 I}{2(a^2+x^2)^{3/2}}[AT/m]$$

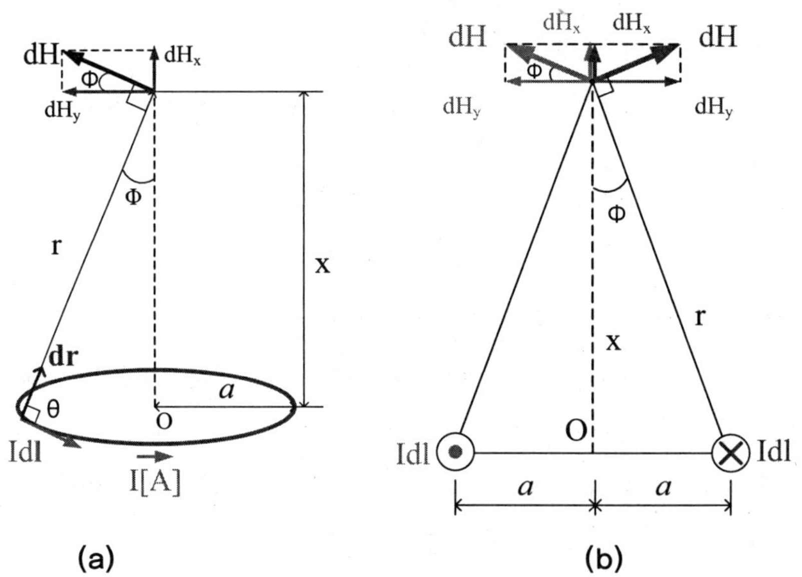

(a) (b)

[그림 6-5] 원형 코일 중심축 상의 자계

여기서, 자계 H의 방향은 암페어의 오른손 법칙에 따라 +x방향이 된다.

6-2-3 유한길이 직선 전류의 자계

[그림 6-6]처럼 유한길이 전류선분 $\overline{AB}$에 전류 I[A]가 흐를 때 거리 r[m]에 위치한 점 P의 자계의 세기는 다음과 같다.

직선 도선의 미소 부분 dl의 미소 전류 선분 Idl에 의한 점 P의 자계의 세기 dH는

$$dH = \frac{Idl\sin\alpha}{4\pi r^2} = \frac{Idl\cos\beta}{4\pi r^2}\,[AT/m] \tag{6.11}$$

가 된다.

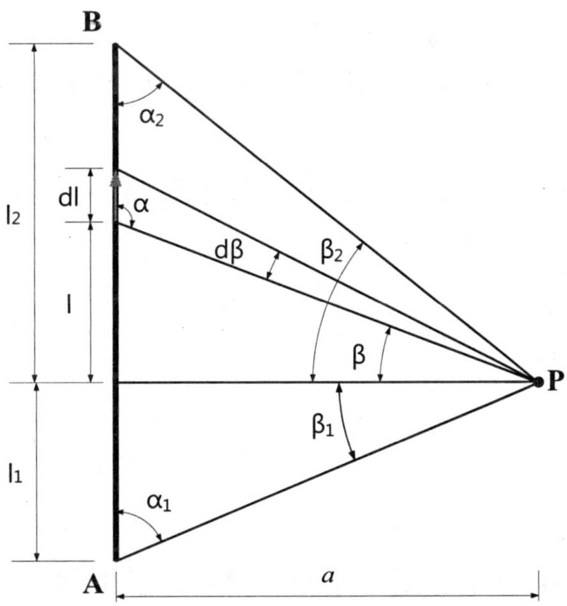

[그림 6-6] 유한길이 직선 전류의 자계

여기서, $\sin\alpha = \cos\beta$이므로

$$r = a\sec\beta \tag{6-12}$$

$$l = a\tan\beta$$

$$dl = a\sec^2\beta d\beta$$

가 되며, 따라서,

$$H = \int_{A}^{B} dH = \frac{I}{4\pi a} \int_{-\beta_1}^{+\beta_2} \cos\beta d\beta \tag{6.13}$$

$$= \frac{I}{4\pi a} [\sin\beta]_{-\beta_1}^{+\beta_2}$$

$$= \frac{I}{4\pi a} (\sin\beta_2 + \sin\beta_1)$$

$$= \frac{I}{4\pi a} (\cos\alpha_1 + \cos\alpha_2) [AT/m]$$

가 된다. 여기서 α_1, α_2는 전류 도선의 양단 A, B와 점 P가 이루는 각이다.

만약, 직선 전류 도선이 무한히 길다면, $\alpha_1 = \alpha_2 = 0$이 되어 자계 H는

$$H = \frac{I}{2\pi a} [AT/m] \tag{6.14}$$

가 된다.

[예제 6-2]

그림과 같이 자유 공간에서 반경 a = 1[m]인 반원 BC와 두 개의 무한장 직선 AB, CD로 이루어진 도선에 전류 I = 4[A]가 흐를 때 원의 중심 O점의 자속밀도를 구하여라.

풀이 :

1) 유한길이 직선 전류에 의한 자계의 세기는

$$H = \frac{I}{4\pi a} (\cos\alpha_1 + \cos\alpha_2) \ \ [AT/m]$$

구간 AB에 흐르는 전류에 의한 점 O의 자계의 세기는

$$H_{AB} = \frac{I}{4\pi a}(\cos 0^\circ + \cos 180^\circ) = 0$$

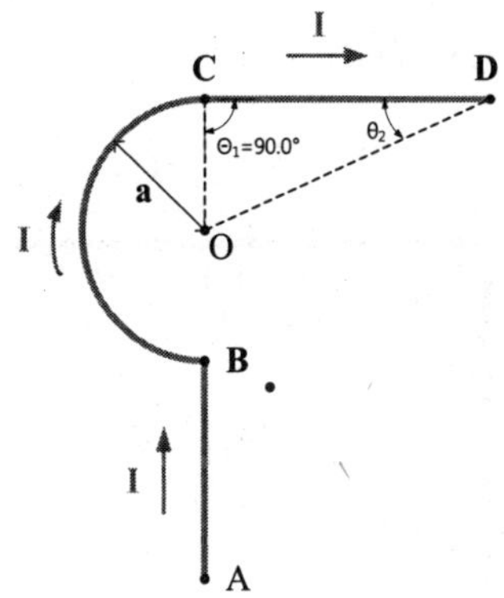

반원 구간 BC의 전류에 의한 점 O의 자계의 세기는

$$H_{BC} = \frac{I}{2a} \times \frac{1}{2} = \frac{I}{4a}$$

구간 CD에 흐르는 전류에 의한 점 O의 자계의 세기는

$$H_{CD} = \frac{I}{4\pi a}(\cos 90^\circ + \cos 0^\circ) = \frac{I}{4\pi a}$$

따라서, 구간 AB, BC, CD의 전류 I에 의한 O점의 자계의 세기는 다음과 같다.

$$\therefore\ H_0 = H_{AB} + H_{BC} + H_{CD} = \frac{I}{4a} + \frac{I}{4\pi a}$$

$$= \frac{I}{4\pi a}(\pi + 1)$$

$$= \frac{\pi + 1}{\pi}[AT/m]$$

2) 자속밀도는

$$B_0 = \mu_0 H_0 = 4\pi \times 10^{-7} \times \frac{\pi + 1}{\pi} \fallingdotseq 16.57 \times 10^{-7}\ [Wb/m^2]$$

[예제 6-3]

진공 중에서 두 변의 길이가 $l_1 = 50[cm]$, $l_2 = 50\sqrt{3}[cm]$인 직사각형의 폐회로에 $I = 2[A]$의 전류가 흐를 때, 직사각형의 대각선 교점에서의 자속밀도를 구하여라.

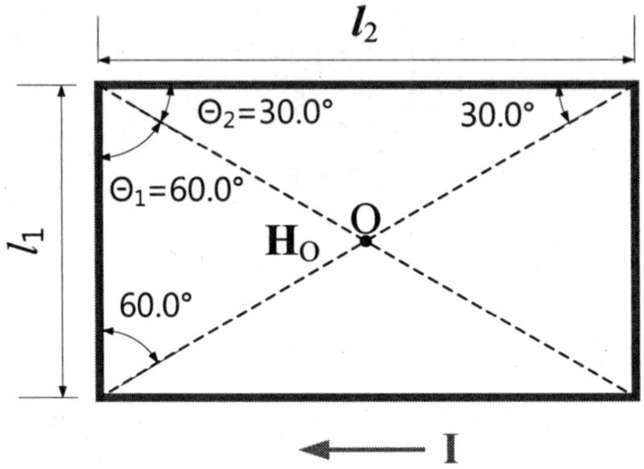

풀이 :

$$H_1 = \frac{I}{4\pi(\frac{l_1}{2})}(\cos\theta_1 + \cos\theta_1)$$

$$= \frac{2}{4\pi \times 0.25}(\cos 60^\circ + \cos 60^\circ)$$

$$= \frac{2}{\pi}[AT/m]$$

$$H_2 = \frac{I}{4\pi(\frac{l_2}{2})}(\cos\theta_2 + \cos\theta_2)$$

$$= \frac{2}{4\pi \times 0.25\sqrt{3}}(\cos 30^\circ + \cos 30^\circ)$$

$$= \frac{2}{\pi}[AT/m]$$

$$H_0 = (H_1 + H_2) \times 2 = \left(\frac{2}{\pi} + \frac{2}{\pi}\right) \times 2 = \frac{8}{\pi} \fallingdotseq 0.32[AT/m]$$

$$B_0 = \mu_0 H_0 = 4\pi \times 10^{-7} \times 0.32 \fallingdotseq 40.2[\mu Wb/m^2]$$

6-2-4 유한장 솔레노이드에 의한 자계

[그림 6-7]과 같이 반지름 a[m], 단위 길이당 권수 n[turns/m], 전체 권수 N[turns], 길이 $l[m]$의 유한장 솔레노이드에 전류 I[A]가 흐를 때 솔레노이드 축 상 점 P의 자계의 세기는 다음과 같다.

점 P에서 y[m]되는 곳 dy부분의 원형 전류 ndyI에 의한 점 P의 자계의 세기는

$$dH_x = \frac{a^2 ndyI}{2(a^2 + y^2)^{3/2}} = \frac{nI\sin^2\beta}{2r} dy[AT/m] \tag{6.15}$$

가 된다. 그런데 [그림 6-7]로부터

$$y = a\cot\beta$$

$$dy = -a\,\mathrm{cosec}^2\beta d\beta = -\frac{ad\beta}{\sin^2\beta} = -\frac{rd\beta}{\sin\beta} \tag{6.16}$$

가 되므로,

$$dH_x = -\frac{nI\sin\beta}{2} d\beta[AT/m] \tag{6.17}$$

가 되며, 솔레노이드 전체에 의한 자계는

$$H_x = \int_l dH_x = -\frac{nI}{2}\int_{\beta_1}^{\beta_2} \sin\beta d\beta$$

$$= \frac{nI}{2}(\cos\beta_2 - \cos\beta_1)[AT/m] \tag{6.18}$$

가 된다. $\cos\beta_1$, $\cos\beta_2$를 a, x, l로 표현하면

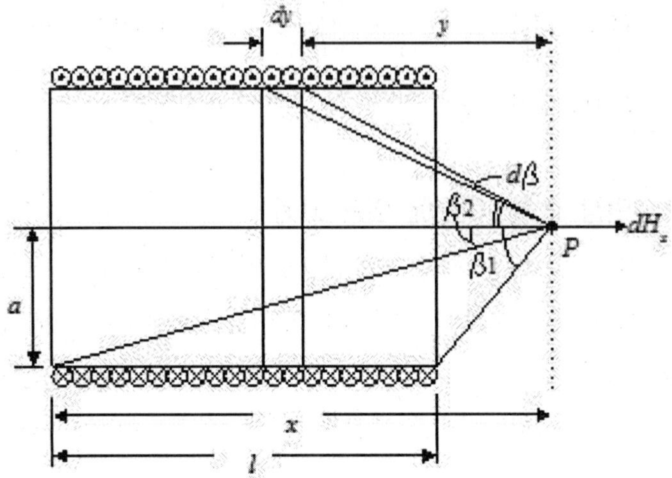

[그림 6-7] 유한장 솔레노이드의 자계

$$\cos\beta_1 = \frac{x-l}{\sqrt{a^2+(x-l)^2}} \tag{6.19}$$

$$\cos\beta_2 = \frac{x}{\sqrt{a^2+x^2}}$$

이 되며, 따라서

$$H_x = \frac{NI}{2l}\left\{\frac{x}{\sqrt{a^2+x^2}} + \frac{l-x}{\sqrt{a^2+(x-l)^2}}\right\}$$

$$= \frac{nI}{2}\left\{\frac{x}{\sqrt{a^2+x^2}} + \frac{l-x}{\sqrt{a^2+(x-l)^2}}\right\} \tag{6.20}$$

가 된다. 솔레노이드 중심의 자계 H_0는 $x = \frac{l}{2}$ 인 경우이므로

$$H_0 = \frac{NI}{\sqrt{l^2+4a^2}}[AT/m] \tag{6.21}$$

가 되고, 솔레노이드 길이가 매우 길어 $l \gg a$인 경우 다음과 같다.

$$H_0 = \frac{NI}{l} = nI[AT/m] \tag{6.22}$$

6-3 Ampere의 주회 적분 법칙

대칭적으로 분포된 전류에 의한 자계의 세기를 구하는 법칙이다.

[그림 6-8]과 같이 무한 직선 전류 I[A]에 의한 자계의 세기는 식 (6.14)로부터

$$H = \frac{I}{2\pi r}[AT/m]$$

가 되며, 자계의 방향은 전류를 축으로 하는 암페어의 오른손 법칙에 의한 방향의 동심원이 된다.

따라서 전류에 의해 형성된 반지름 r[m]의 자력선 동심원의 자계 H와 미소 변위 dl를 취하여 동심원 즉 원주 C에 대해 적분을 취하면 이들은 방향이 같으므로

$$H \cdot dl = H\cos\theta dl = H\cos 0^\circ dl = Hdl$$

이 되어

$$\oint_C H \cdot dl = \oint_C Hdl = H \cdot 2\pi r = \frac{I}{2\pi r} \cdot 2\pi r = I[A] \tag{6.23}$$

가 된다.

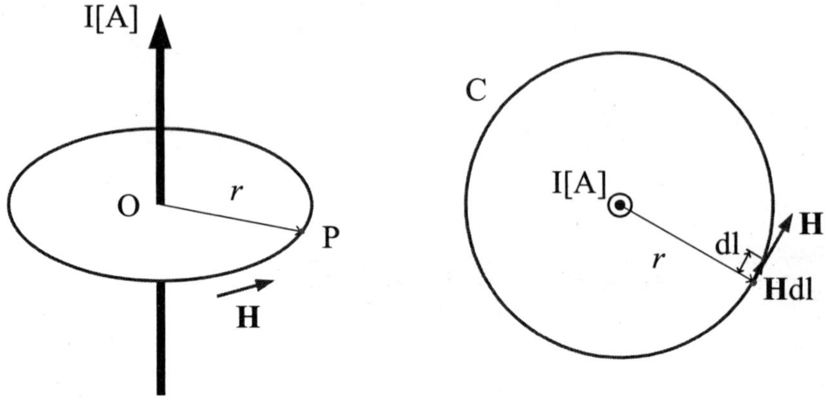

[그림 6-8] 무한장 직선 전류와 자계

식 (6.23)은 '자계 내에서 임의의 폐곡선 C에 대한 자계 H[AT/m]의 선적분은 이 폐곡선과 쇄교(관통)하는 전류 I[A]와 같다.'는 의미가 있으며 다음 관계식으로 정의된다.

$$\oint H \cdot dl = I \tag{6.24}$$

여기서, 이 관계식을 **암페어의 주회적분법칙**(Ampere's circuital integrating law)이라 한다.

또한, 자력선의 적분로 C가 N[turns]의 전류 coil과 쇄교하는 경우 암페어의 주회 적분 법칙은 다음과 같이 된다.

$$\oint H \cdot dl = NI \tag{6.25}$$

6.3.1 무한히 긴 직선 전류에 의한 자계

[그림 6-8]과 같이 무한히 긴 직선 도선에 전류 I[A]가 흐를 때 직선 전류를 축으로 하는 반지름 r[m]의 원을 적분로 C로 취하면, 자계는 대칭성에 의해 원주상의 모든 점에서 크기는 같고 암페어의

오른손 법칙에 의한 방향을 갖는다. 그러므로 자계 H를 적분로 C에 대해 적분하면

$$\oint H \cdot dl = H \oint dl = H \cdot 2\pi r \tag{6.26}$$

이 되며, 자력선의 적분로 C와 쇄교하는 전류는 I[A]이므로

$$H \cdot 2\pi r = I \tag{6.27}$$

가 된다. 따라서 자계 H에 대하여 정리하면

$$H = \frac{I}{2\pi r}[AT/m] \tag{6.28}$$

이다.

[예제 6-4]

공기 중에서 20[A]의 전류가 흐르는 무한히 긴 평행왕복 도선이 50[cm]의 간격으로 놓여 있을 때, 두 도선 간격의 중점 P_0에서의 자계의 세기와 한쪽 도선에서 20[cm] 떨어진 점 P_1의 자계의 세기를 구하여라.

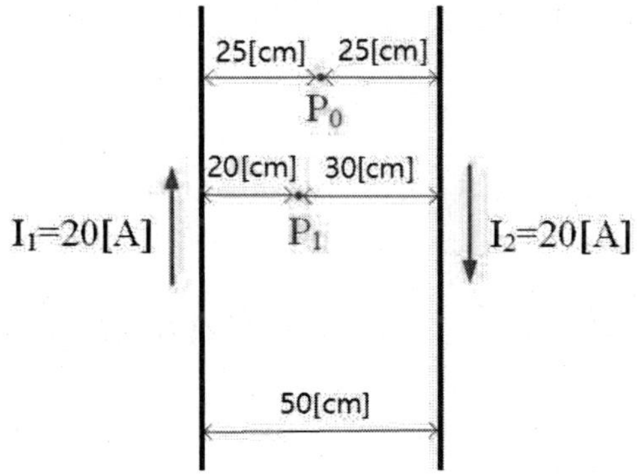

풀이 :

두 도선의 전류 I_1, I_2에 의해 발생하는 자계의 방향이 같으므로 중점 P_0에서 자계의 세기는 다음과 같다.

$$H_0 = \frac{I}{2\pi r} \times 2 = \frac{20}{2\pi \times 0.25} \times 2 = \frac{80}{\pi} \fallingdotseq 25.47[AT/m]$$

P_1의 자계의 세기는

$$H_{p1} = \frac{20}{2\pi \times 0.2} + \frac{20}{2\pi \times 0.3} = \frac{60+40}{2\pi \times 0.6} \fallingdotseq 26.53[AT/m]$$

6.3.2 무한히 긴 원주형 전류에 의한 자계

[그림 6-9]와 같이 반지름 $a[m]$의 무한장(無限長) 원주 도체에 균일하게 흐르는 전류 I[A]에 의한 자력선 분포는 원주 중심축에 대하여 대칭이므로 자력선은 도체 내외에 동심원 형태로 발생할 것이다. 이때 원주 도체 외부와 내부의 자계의 세기는 다음과 같다.

(1) 원주 외부($r > a$)의 자계

[그림 6-9](a)와 같이 원주 도체 중심축으로부터 반지름 $r > a[m]$의 동심원을 자기력선의 적분로 C로 취하면, 원주 도체 외부의 자계 H_o는 암페어의 오른손 법칙에 따르고, 크기가 일정하며, 방향은 접선 방향이 된다. 따라서 적분로 C에 대하여 암페어의 주회 적분을 취하면

$$\oint_C = H_o \cdot dl = 2\pi r H_o = I \tag{6.29}$$

가 되며, 이에 따라 원주 도체 외부의 자계 H_o는 다음과 같다.

$$H_o = \frac{I}{2\pi r}[AT/m] \tag{6.30}$$

(2) 원주 내부($r < a$)의 자계

[그림 6-9](b)와 같이 원주 도체 중심축으로부터 반지름 $r < a$ [m]인 도체 내부의 동심원을 자기력선의 적분로 C′로 취하여 Ampere의 주회 적분을 취하면

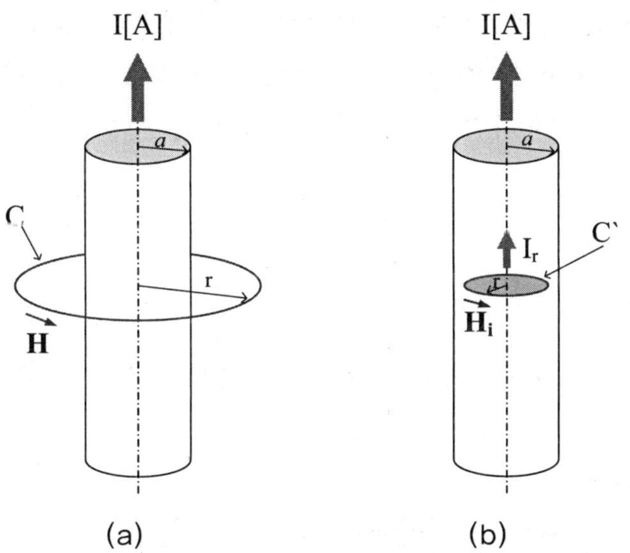

[그림 6-9] 무한히 긴 원주 도체 전류에 의한 자계

$$\oint_{C'} H_i \cdot dl = I_r$$

$$2\pi r \cdot H_i = I_r$$

$$H_i = \frac{I_r}{2\pi r}\,[AT/m] \tag{6.31}$$

가 되며, 여기서 I_r[A]는 도체 내부 자계의 적분로 C′와 쇄교하는 전류로 도체 내부에서 전류가 균일하게 흐른다고 하면

$$I_r = \frac{\pi r^2}{\pi a^2} I = \frac{r^2}{a^2} I \tag{6.32}$$

가 되며, 식(6.31)에 대입하여 H_i에 대해 정리하면 다음과 같다.

$$\therefore\ H = \frac{I}{2\pi a^2} r\,[AT/m] \tag{6.33}$$

따라서 무한히 긴 원주 도체 전류에 의한 내부 자계는 원주 축에서의 거리 r[m]에 비례하여 증가하며, 도체 외부에서는 r[m]에 반비례하여 감소한다. 만일 도체의 전류가 표피효과에 의해 원주 도체의 표면에만 흐른다면, 도체 내부 자력선의 적분로 C′ 내의 전류는 0이 되며

$$2\pi r \cdot H_i = 0$$

$$H_i = 0 \tag{6.34}$$

이 되어, 도체 내부에는 자력선이 존재하지 않음을 보여준다.

[예제 6-5]

동축 케이블에서, 2[A]의 왕복 전류가 흐르고 있다. 중심에서의 반경 $a=1$[mm], b=2[mm], c=3[mm]일 때, 각 도체 표면에서의 자계 H_a, H_b, H_c를 구하여라.

풀이 : $H_a = \frac{I}{2\pi a} = \frac{2}{2\pi \times 1 \times 10^{-3}} = \frac{1000}{\pi}[AT/m]$

$$H_b = \frac{I}{2\pi b} = \frac{2}{2\pi \times 2 \times 10^{-3}} = \frac{500}{\pi}[AT/m]$$

$$H_c = \frac{I+(-I)}{2\pi c} = 0[AT/m]$$

6.3.3 무한장 solenoid에 의한 자계

[그림 6-10]과 같이 원통 위에 도선을 감아서 만든 coil을 솔레노

이드(solenoid)라 한다. 코일의 단위 길이당 권수가 n[turns/m]이고 도선에 흐르는 전류가 I[A]인 솔레노이드의 내부와 외부의 자계는 다음과 같다.

(1) 무한장 solenoid 내부 자계

[그림 6-10]과 같이 솔레노이드 내부에 자기력선의 적분로로 사각형의 폐곡선 ABCDA를 취하여 암페어의 주회적분 법칙을 적용하면 구간 AB와 CD에 대한 적분은 자계와 적분로의 방향이 직각이 되므로 0이 되며, BC와 DA에 대한 적분은 BC와 DA구간의 자계를 H_1, H_2라 하면

$$\oint_C H \cdot dl = H_1 l - H_2 l \tag{6.35}$$

이 된다. 그러나 폐곡선 ABCD와 솔레노이드 전류 I[A]는 쇄교하지 않으므로 즉, 적분로 내부에 전류가 0이므로 식(7.35)는

$$H_1 l - H_2 l = 0 \tag{6.36}$$

$$H_1 = H_2 \tag{6.37}$$

가 된다.

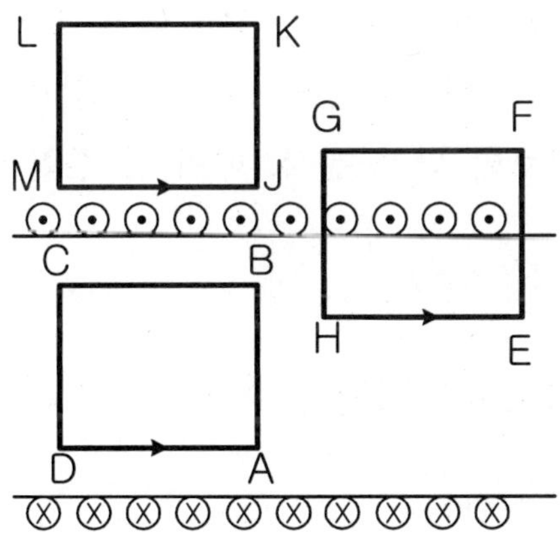

[그림 6-10] 무한히 긴 솔레노이드

따라서 이 관계는 BC와 DA가 솔레노이드 내부 어느 위치에서도 항상 성립하므로 솔레노이드 내부의 자계는 평등 자계이며 그 방향은 솔레노이드 축에 항상 평행하다는 사실을 나타내고 있다.

(2) 무한장 solenoid외부 자계

[그림 6-10]에서 솔레노이드의 외부 적분로 JKLMJ을 취하여 암페어의 주회 적분 법칙을 적용하면 구간 JK와 LM에 대한 적분은 자계와 적분로의 방향이 직각이 되므로 0이 되고, KL와 MJ의 자계를H_3, H_4라 하면 적분로와 쇄교전류가 없으므로 $H_3 = H_4$가 되어 외부 자계 역시 평등 자계임을 나타내고 있다. 그러나 솔레노이드 외부의 무한원에서 자계의 세기는 0이므로 솔레노이드 외부에서 자계의 세기는

$$H_3 = H_4 = 0 \tag{6.38}$$

(3) 솔레노이드 내부 자계의 세기

솔레노이드의 내외부 적분로 EFGHE를 취하여 암페어의 주회적분 법칙을 적용하면 구간 EF와 GH에 대한 적분은 자계와 적분로의 방향이 직각이 되므로 0이 되며, FG에 대한 적분은 솔레노이드의 외부가 되어 자계가 존재하지 않으므로 적분 결과는 0가 되어 HE구간 즉, 길이 l의 적분로만 남게 된다. 따라서, 주회 적분 결과

$$\oint_C H \cdot dl = Hl = nIl \tag{6.39}$$

가 되므로, 솔레노이드 내부의 자계는 다음과 같다.

$$H = nI\,[AT/m] \tag{6.40}$$

(4) 환상 solenoid (toroid)내의 자계

[그림 6-11]과 같이 환상원통(環狀圓筒)에 권선 수 N[turns]의 코일이 감겨 있는 솔레노이드를 **환상 솔레노이드** 혹은 **토로이드**(toroid)라 한다.

환상 솔레노이드에 전류 i[A]가 흐르면 내부의 자력선은 중심점이 O인 동심원을 그리게 되므로, 반지름 $a[m]$인 토로이드 내부의 원주 C를 적분로로 취하여 암페어의 주회 적분 법칙을 적용하면

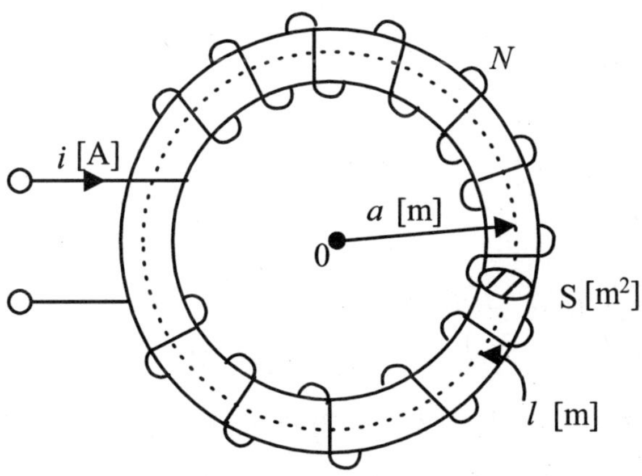

[그림 6-11] 환상 솔레노이드

$$\oint_c \mathrm{H} \cdot dl = \mathrm{H} \cdot 2\pi a = \mathrm{Ni} \tag{6.41}$$

가 되며, 환상 솔레노이드 내부 자계는

$$\mathrm{H} = \frac{\mathrm{Ni}}{2\pi a} = \frac{\mathrm{Ni}}{l} = n_0 i[\mathrm{AT/m}] \tag{6.42}$$

여기서, n_0[turns/m]는 단위 길이당 권수이다.

[예제 6-6]

반지형 철심의 반지름이 10[cm], 단면적 20[cm^2], 철심의 비투자율 1000일 때, 400회의 코일을 감은 반지형 솔레노이드가 있다. 이때 코일에 2[A]의 전류를 흘리면 철심을 통과하는 전체 자속은 얼마인가?

풀이 :

$$\Phi = \mu HS = \mu_0 \mu_s \cdot \frac{NI}{2\pi r} \cdot S = 4\pi \times 10^{-7} \times 1000 \times \frac{400 \times 2}{2\pi \times 0.1} \times 20 \times 10^{-4}$$

$$= 32 \times 10^{-4} [Wb]$$

6-4 전자력

6.4.1 플레밍(Fleming)의 왼손법칙

전류가 흐르는 도선을 자계 중에 놓으면 도선은 힘을 받는다. 이처럼 전류(電流)와 자계(磁界) 사이에 작용하는 힘을 **전자력**(electro magnetic force)라 한다.

[그림 6-12](a)와 같이 자석에 의해 발생한 자력선은 N극에서 S극으로 향하며, 지면에 수직인 방향으로 나오는 전류가 흐르는 도체는 암페어의 오른손 법칙에 따른 좌회전 자계가 발생한다.

따라서 자석의 자계 속에 전류 도선을 넣으면 자석과 전류의 자력선에 의한 합성 자력선은 전류 도선의 위쪽에서는 감소하고 아래쪽에서는 증가하게 되어 도선에 위쪽으로 향하는 힘이 작용하게 된다.

이 힘의 크기는 자계 H[AT/m], 전류 I[A], 도선의 길이 l[m]에 비례한다. 따라서

$$F = \mu_0 HIl = IBl [N] \tag{6.43}$$

이 된다.

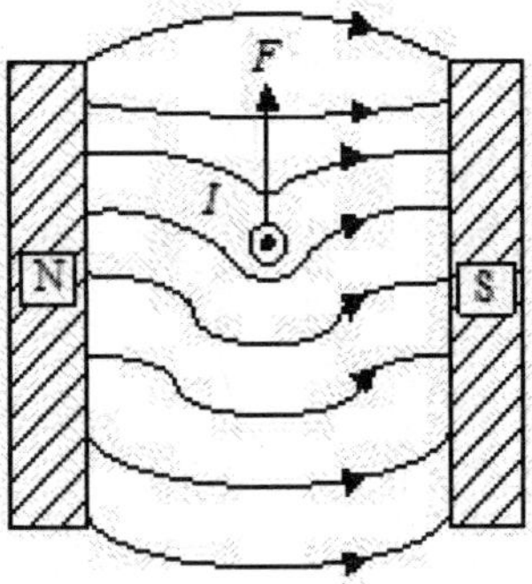

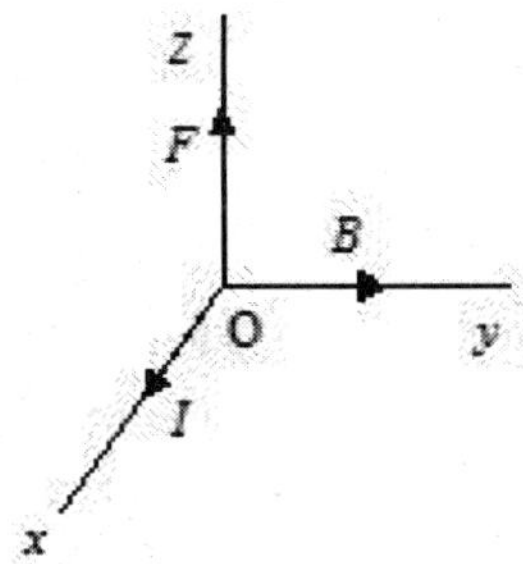

(a) (b)

[그림 6-12] 자계와 전류의 전자력

따라서 자계와 도체의 각도가 θ라면 전자력은 다음과 같다.

$$F = I\mu_0 Hl \sin\theta = IBl \sin\theta [N] \tag{6.44}$$

이들 관계는 [그림 6-13]과 같다. 왼손의 둘째 손가락을 자계의 방향, 가운뎃손가락을 전류의 방향으로 잡으면 엄지손가락은 힘의 방향을 가리킨다. 이 관계를 **플레밍의 왼손법칙(**Fleming's left hand rule)이라 하며, 수식으로 나타내면

$$\mathbf{F} = (\mathbf{I} \times \mathbf{B}) [N/m] \tag{6.45}$$

가 된다.

만약, 도체의 길이가 l[m]이면 전자력은

$$\mathbf{F} = (\mathbf{I} \times \mathbf{B}) l [N] \tag{6.46}$$

이 된다.

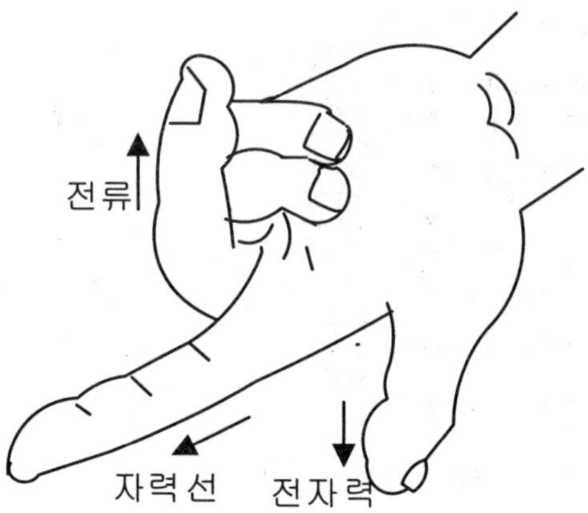

[그림 6-13] 플레밍(Fleming)의 왼손법칙

[예제 6-7]

공기 중에서 5×10^5[AT/m] 인 평등 자계 속에 길이 20[cm]의 도선이 평등 자계와 30°의 각으로 놓여 있을 때, 이 도선이 0.1[N] 의 힘을 받는다면 도선에 흐르는 전류는 몇 [A]인가?

풀이 : $F = IBl\sin\theta = Imu_0Hl\sin\theta$에서

$$I = \frac{F}{Bl\sin\theta} = \frac{F}{\mu_0 Hl\sin\theta} = \frac{0.1}{4\pi\times10^{-7}\times5\times10^5\times0.2\times10^{-2}}$$

$$= \frac{5}{\pi}[AT/m]$$

6.4.2 플레밍의 왼손법칙 응용 예

(1) 평행도체 전류 사이에 작용하는 힘

[그림 6-14](a)처럼 두 도선의 전류의 방향이 같을 때 도선사이의 자력선이 서로 상쇄되어 흡인력이 발생하며, [그림 6-14](b)처럼 두 도선의 전류의 방향이 반대될 때는 반발력이 발생한다.

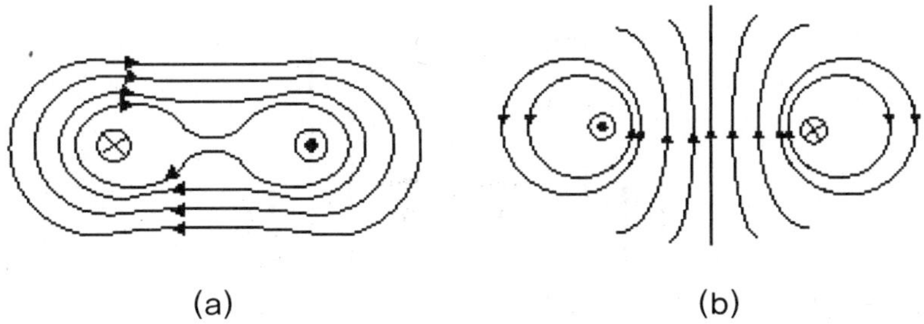

[그림 6-14] 평행도체 사이의 자력선

[그림 6-15]와 같이 간격 r[m]로 평행한 무한히 긴 도선에 전류 I_1, I_2[A]가 흐르면 두 도선 사이에 작용하는 힘의 크기는 다음과 같다.

전류 I_1에 의한 전류 I_2에 미치는 자계의 세기 H_1[AT/m]는

$$H_1 = \frac{I_1}{2\pi r}[AT/m] \tag{6.47}$$

이다. 따라서 전류 I_2가 흐르는 도체가 단위 길이당 받는 힘은

$$F = I_2 B\sin\theta = I_2\mu_0 H\sin 90° = \mu_0 H_1 I_2 = \frac{\mu_0 I_1 I_2}{2\pi r}$$
$$= \frac{2I_1 I_2}{r} \times 10^{-7}[N/m] \tag{6.48}$$

가 된다.

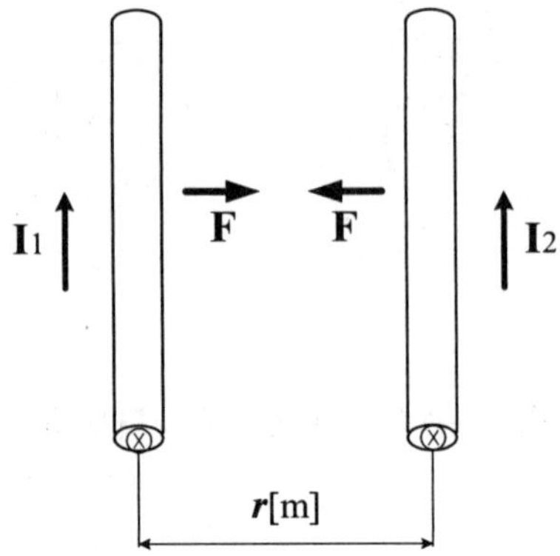

[그림 6-15] 평행도체 전류 사이의 힘

[예제 6-8]

진공 중에서 50[cm]의 간격으로 평행하게 놓인 무한히 긴 두 도선에 각각 1[A], 2[A]의 전류가 흐를 때 두 도선의 단위 길이당 작용하는 힘을 구하여라.

풀이 : $F=\dfrac{\mu_0 I_1 I_2}{2\pi r}=\dfrac{4\pi\times10^{-7}\times1\times2}{2\pi\times0.5}=8\times10^{-7}$[N/m]

(2) 자계와 하전입자

[그림 6-16]과 같이 평등 자계 H[AT/m]내에서 수직으로 이동하는 q[C]의 전하가 받는 힘은

$$F=IBl=qv\mu_0 H=qvB\,[N] \qquad (6.49)$$

$$\mathbf{F}=q\,\mathbf{v}\times\,[N] \qquad (6.50)$$

여기서, F = qvB[N]은 **로렌츠의 힘**(Lorentz force)이라 한다.

전하가 이 전자력에 의해 운동 방향과 직각으로 받는 플레밍의 왼손법칙에 의한 전자력은 구심력이 되어 반지름 r[m]의 원운동을 하게 된다. 이때 구심력과 원심력이 같아야 원운동을 하므로

$$qvB = m\frac{v^2}{r} \tag{6.51}$$

이 되며, 따라서 원 궤도 반지름은 다음과 같이 된다.

$$r = \frac{mv}{qB} \tag{6.52}$$

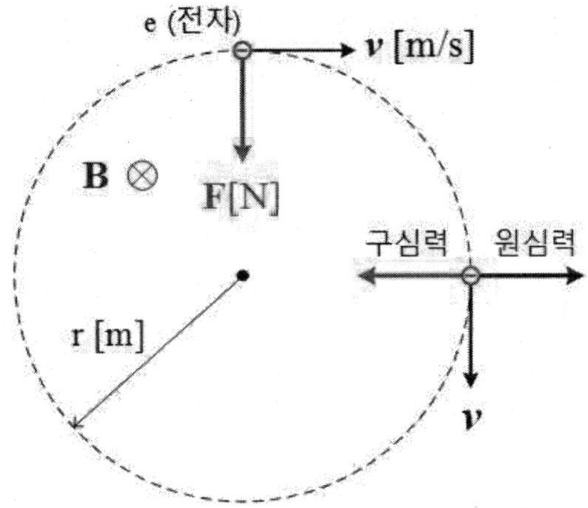

[그림 6-16] 평등 자계 내의 운동 전하

(3) **회전력**

[그림 6-17]과 같은 사각형 코일에 전류 I[A]가 흐르면 도체에 F = IBl[N]의 힘이 화살표 방향으로 작용하여 회전력이 발생한다.

자속밀도 B[Wb/m^2], 도체의 유효길이 a[m], 도체의 폭 b[m], 코일 면과 자계와의 사이 각이 ф라 하면 도체 1개에 작용하는 전자력 F는

$$F = IBa[N] \tag{6.53}$$

가 된다. 따라서 도체 면에 직각으로 작용하는 힘 F′는

$$F' = F\cos\phi$$

이므로, 회전력 T는

$$\tau = F'b = \frac{b}{2}F\cos\phi + \frac{b}{2}F\cos\phi = bF\cos\phi$$

$$= bIBa\cos\phi\,[N \cdot m] \qquad (6.54)$$

이 된다. 여기서 $S = ab\,[m^2]$은 전류 코일의 면적이다.

회전력은 $\phi = 0°$(자계 방향과 코일 면이 평행)할 때 최대가 되며, $\phi = 90°$(자계 방향과 코일 면이 직교)할 때 0이 된다.

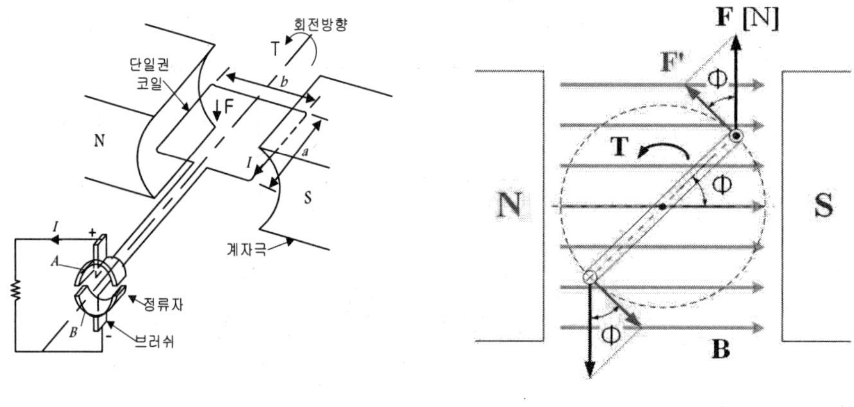

[그림 6-17] 구형 도체 전류와 회전력

[예제 6-9]

공기 중에서 자계 $H = 2 \times 10^5$[AT/m]의 평등 자계 내에 전류 2[A]가 반경 10[cm]의 원형 코일이, 법선벡터와 자계 사이에 30°의 각으로 놓여 있으면 회전력은 얼마인가?

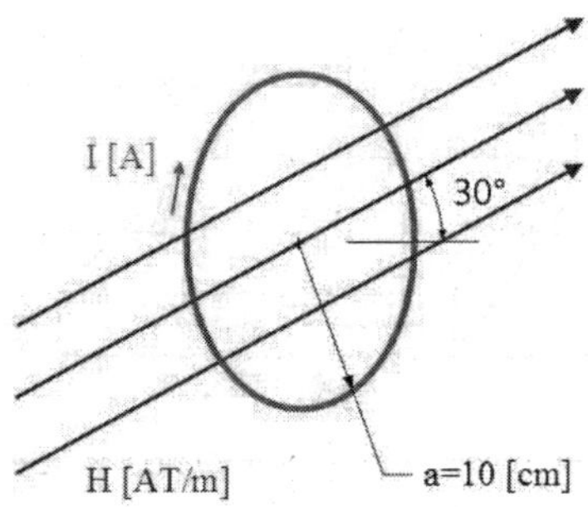

풀이 :

회전력(토크) : $T = M \times H = \mu IS \times H = IS \times B$에서

$$T = ISB\sin\theta = I \times \pi a^2 \times \mu_0 H \sin\theta$$

$$= 2 \times \pi \times (0.1)^2 \times 4\pi \times 10^{-7} \times 2 \times 10^5 \times \frac{1}{2}$$

$$= 8\pi^2 \times 10^{-4}[\mathrm{N \cdot m}]$$

6.4.3 홀효과와 핀치효과

(1) 홀효과

[그림 6-18]과 같이 수직 방향의 자속밀도 $B[\mathrm{Wb/m^2}]$내에 놓여 있는 균일한 P형 반도체에 x방향으로 전류 I[A]를 흘리면 플레밍의 왼손법칙에 의해 (+)로 대전 된 정공에는 $-y$축 방향인 단면 3으로 힘이 작용하여 밀리게 된다. 따라서 반도체 내부에 양과 음의 공간 전하분포에 불균형이 발생하여 단면 3에는 양이온, 단면 4에는 음이온이 분포하기 때문에 단면 3, 4 사이에는 다음식과 같은 전위차가 발생한다.

$$V_o = R_H \frac{IB}{d}[\mathrm{V}] \tag{6.55}$$

(R_H는 **홀상수**라 부르며 물질에 따라 그 값이 결정된다.)

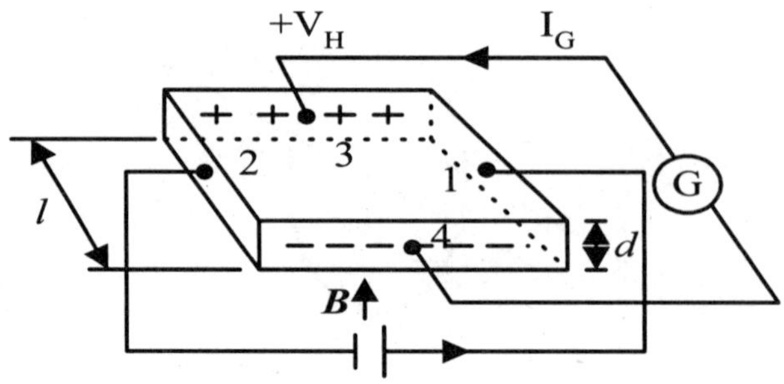

[그림 6-18] 홀효과

(2) **핀치효과**

도전성을 갖는 액체에 대전류가 흐르면 전류의 이동이 발생한다. [그림 6-19]와 같이 도전성 액체 내의 전류의 흐름은 자계를 생성하며 액체 전류와 자신이 만든 자계 사이에는 플레밍의 왼손법칙에 의한 전자력이 구심력으로 작용하여 액체의 단면은 수축하게 된다. 이에 따라 전류의 유동 면적 감소로 저항이 증가 되어 전류이 흐름은 감소하게 되며, 전류가 줄어들면 반대로 수축력은 감소하여 전류의 유동 면적은 다시 증가하게 되어 전류가 증가하고, 또다시 증가한 전류에 의해 수축력이 발생하는 현상이 반복된. 이러한 현상을 **핀치효과**(Pinch effect)라 한다.

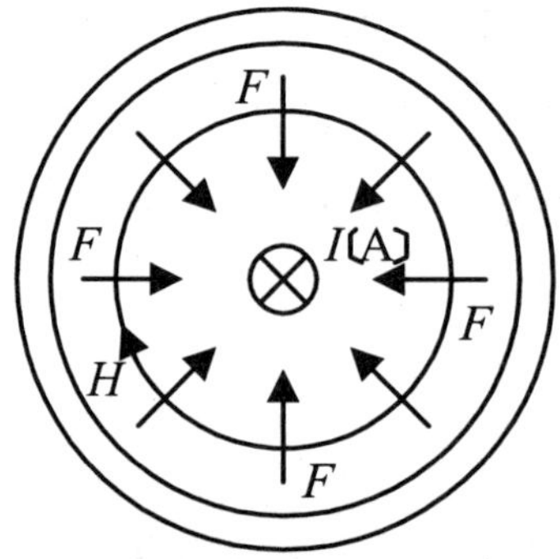

[그림 6-19] 핀치효과

이와 같은 핀치효과에 의하여 열에너지를 좁은 공간에 보낼 수도 있으며, 전기조명으로는 초고압 수은 증기관 내에서 방전으로 인한 아크로 이 현상이 일어나게 되고 이에 따라 고온의 아크가 중심축에 집중되어 온도의 급격한 상승이 일어나 10,000℃에 이르는 매우 높은 온도의 광원이 얻어지며, 이 빛을 조명에 이용하며, 이 원리를 이용한 것으로 초고압수은등이 있다.

6-5 자성체

6-5-1 강자성체의 자화 현상

Fe, Ni, Co 및 이들의 합금과 같은 강자성체는 자기 쌍극자모멘트의 방향이 같은 원자들이 일정한 분역(domain)을 이루고 있으며 외부 자계에 대해 집단적 움직임을 보이므로 강한 자성을 보인다. 강자성체에 존재하는 자기 쌍극자모멘트가 같은 결정들로 구성된 분역을 **자구**(磁區; **magnetic domain**)라 부른다. 자구는 자성체 내에서 하나의 소자석(분자자석)과 같은 역할을 하며 크기는 수μm에서 수 mm에 이른다.

[그림 6-20]은 외부 자계에 의한 강자성체 내 자구들의 움직임과 자성체의 자화 과정을 보여준다. [그림 6-20](a)처럼 외부 자계가 없을 때($H=0$) 자구의 분자자석(화살표)은 각각의 방향이 달라 서로 상쇄되어 자성체 전체로서의 자기 쌍극자모멘트는 0이 된다. 자계가 자성체에 가해지면 [그림 6-20](b)와 같이 인가 자계의 방향과 비교적 가까운 방향의 자구가 자계 방향으로 회전하기 시작하여 자구의 영역이 커진다.

외부 자계의 세기가 더욱 강해지면 [그림 6-20](c)와 같이 대부분의 자구는 외부 자계 방향에 가까운 결정축에 평행이 되도록 회전하며 자계의 세기가 더욱 강해지면 [그림 6-20](d)와 같이 자구는 자계의 방향으로 완전히 회전하게 되어 자화가 더 진행되지 않는 **자기포화**(磁氣飽和; magnetic saturation) 상태에 이른다.

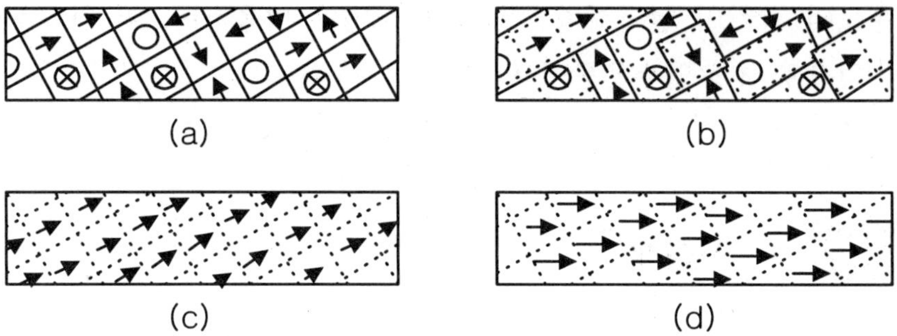

[그림 6-20] 자성체 자화 현상

[그림 6-21]은 전자의 자기모멘트의 크기와 배열 상태를 그 차이에 따라서 배열한 것이다.

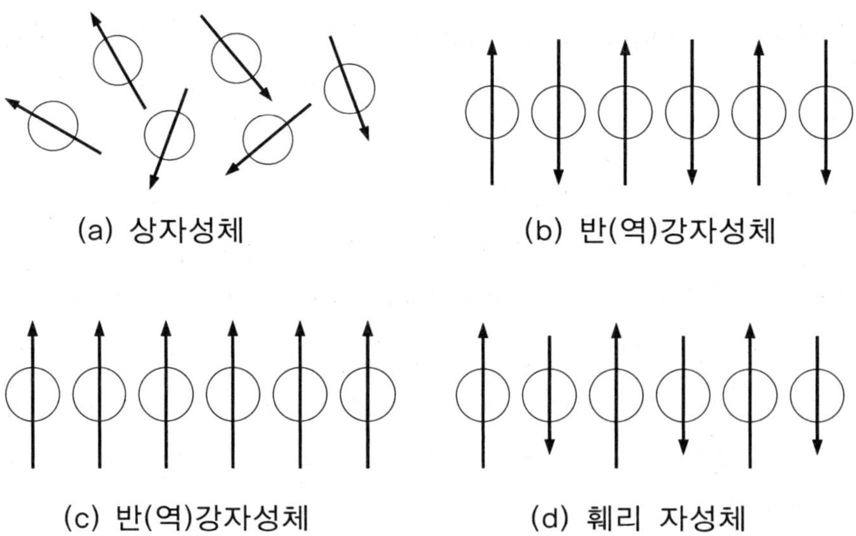

[그림 6-21] 자성체의 전자의 자기모멘트의 크기와 배열 상태

6-5-1 강자성체의 자화 현상 자화의 세기(J)

[그림 6-22](a)처럼 강자성체에 자계를 인가하면 자구의 분자자석이 인가 전계의 방향으로 배열(**분극**)되어 자성체 양 단면에는 N극과 S극이 나타난다.

(1) 자화의 세기

자성체 양 단면에 유도된 자기량 밀도(단위 면적당 자기량)로 정의하며, 자성체의 자화 정도를 나타낸다.

- 기호 및 단위

$$J = \frac{m}{A}[Wb/m^2] \tag{6.56}$$

$$J = \frac{m \cdot l}{A \cdot l} = \frac{M}{V}[Wb \cdot m/m^3] \tag{6.57}$$

여기서, 자화의 방향은 S극에서 N극 방향이 기준이며, V는 자성체의 체적이다. 또한, 자기 쌍극자모멘트는 $M = ml$은 벡터가 되며, 따라서 자화의 세기는 벡터량이다.

$$\mathbf{J} = \frac{\mathbf{M}}{V}[Wb \cdot m/m^3] \tag{6.58}$$

- 내부 자계 H에 의한 자화의 세기
  - 내부 자계 H

    자성체 내에는 외부 자계와 자화의 세기에 의한 역 자계에 의해 중첩된 자계가 존재한다.

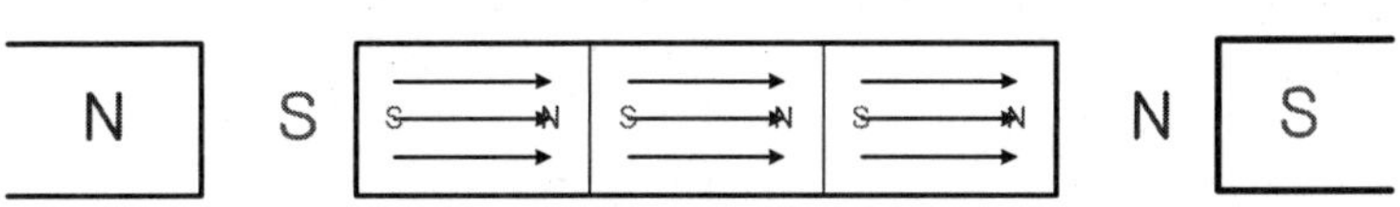

(a)

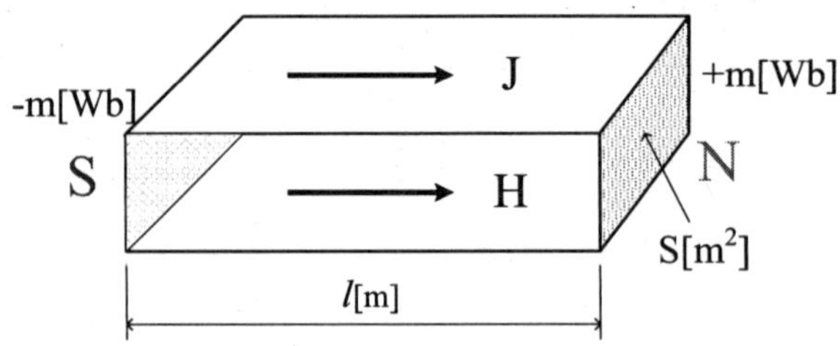

(b)

[그림 6-22] 자화의 세기

- 자화의 세기J는 자성체 내 자계의 세기H에 비례한다.

$$J = \chi H = \mu_0(\mu_s - 1)H[Wb/m^2] \tag{6.59}$$

$$\mathbf{J} = \chi \mathbf{H} = \mu_0(\mu_s - 1)\mathbf{H}[Wb/m^2] \tag{6.60}$$

※ $\chi(=\mu_0\chi_s : \text{chi})$는 **자화율**(磁化率 : magnetic susceptibility)로 자성체의 종류에 따른 비례상수이며, $\chi_s = \dfrac{\chi}{\mu_0} = \mu_s - 1$를 **비자화율**(比磁化率 : relative magnetic susceptibility)이라 한다. 또한 μ_s는 **비투자율**(比透磁率 : relative permeability)이라 한다.

[예제 6-10]

자성체 내부 자계가 10[A/m]이고, 비투자율 μ_s는 2,000인 자성체가 있다. 이 자성체의 자화의 세기는 얼마인가?

풀이 : 식 (6.59)에서

$$J = \mu_0(\mu_s - 1)H = 4\pi \times 10^{-7}(2000 - 1) \times 10 \fallingdotseq 8\pi \times 10^{-3}[Wb/m^2]$$

6-5-3 자속밀도(B)

(1) 자속밀도(B)

[그림 6-23]과 같이 진공 중 평등 자계 H_0내에 자성체를 놓으면 자화로 인하여 자화의 세기 J에 따르는 자극 S, N이 자성체 표면에 유도된다. 이때 자성체 내부에는 자화에 의한 **역 자계**(H')와 **평등 외부 자계**(H_0)에 의한 자계가 공존하므로 자성체 내부의 자계는

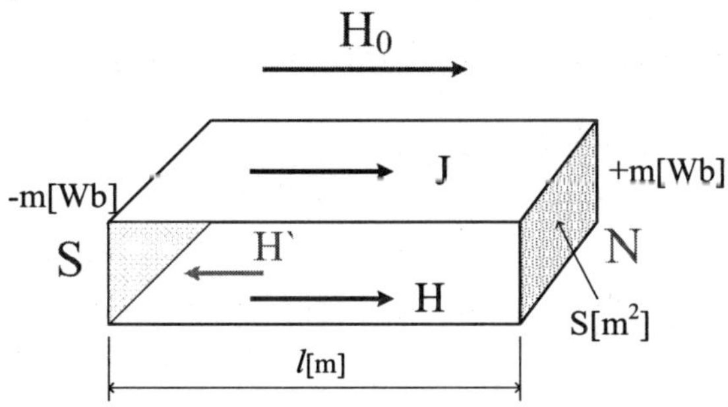

[그림 6-23] 자성체 내 자속밀도

$$H = H_0 - H'[N/Wb = AT/Wb] \tag{6.61}$$

이 된다. 따라서 자성체 내부에는 내부 자계 H에 의한 자력선과 자화의 세기J에 의한 자화선이 동시에 존재하며, 이것을 합성한 새로운 벡터량 B를 도입한다. 벡터량 B는 자성체에 자계가 인가되었을 때 자기 유도된 정도를 나타내며 **자속밀도**(磁束密度; magneticflux density)는 **자기유도도**(磁氣誘導度 : intensity of magnetic induc -tion)라 부르며, 단위는 $[Wb/m^2]$이다.

- 기호 및 단위

$$B[Wb/m^2] \tag{6.62}$$

$$[Wb/m^2] = [T] = [10^4 gauss] \tag{6.63}$$

- 내부 자계 H에 의한 자속밀도

$$B = \mu_0 H + J = \mu_0 H + \chi H = (\mu_0 + \chi) H = \mu H \, [Wb/m^2] \qquad (6.64)$$

$$B = \mu H \, [Wb/m^2]$$

※ 자속밀도의 [C.G.S]단위는 [gauss]이며 다음과 같은 관계가 있다.

- 자성체의 투자율(μ : permeability)

$$\mu = \mu_0 \mu_r = \mu_0 + \chi \qquad (6.65)$$

자성체의 비투자율(μ_s : relative permeability)

$$\mu_s = \frac{\mu}{\mu_0} = \frac{\mu_0 + \chi}{\mu_0} = 1 + \frac{\chi}{\mu_0} = 1 + \chi_s \qquad (6.66)$$

비투자율은 단위가 없으며 자성체의 성질에 따라 결정되는 값으로 [표 6-1]과 같다.

[표 6-1] 각종 물질의 비투자율(μ_s)

물질	μ_s	물질	μ_s
비스머스	0.9999986	베리리움	1.00000079
파라핀	0.99999942	염화니켈	1.00004
나무	0.9999995	유화망간	1.0001
은	0.99999981	니켈	50
알루미늄	1.00000065	선철	60
코발트	60	규소강	3,500
철분	100	순철	4,000
훼라이트(대표값)	1,000	Mumetal	20,000
파마로이45	2,500	Sendust	20,000
변압기용 철	3,000	Supermally	100,000

(2) **자속(ϕ)**

자계가 작용하는 공간이 자성체가 없는 진공이나 공기일 경우 자화의 세기 J = 0이므로 자속밀도는 다음과 같다.

$$B = \mu_0 H [Wb/m^2] \tag{6.67}$$

$$B = \mu_0 H [Wb/m^2]$$

자속밀도 B의 방향으로 그려진 선을 **자속선**(磁束線; line of magnetic flux)이라 하며, 자계내 임의 점의 **자속선 밀도**[lines/m^2]를 그 점에서의 자속밀도 B[Wb/m^2]와 같도록 정의한다.

[그림 6-24]처럼 자속밀도 B[Wb/m^2]인 임의면 dS[m^2]를 수직으로 지나는 총 자속선 수 즉, 자속 dΦ는

$d\Phi = BdS[Wb = lines]$

가 되며, 자속밀도 B[Wb/m^2]가 면적 dS[m^2]에 수직이 아닐 경우 자속은

$$\Phi = \int\int_S d\Phi = \int\int_S \mathbf{B} \cdot \mathbf{n} dS [Wb] \tag{6.68}$$

이다. 여기서 **n**은 면 S의 법선벡터이다.

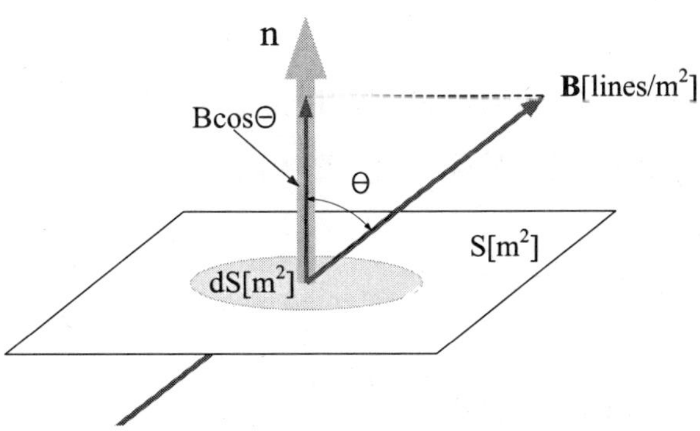

[그림 6-24] 자속

자석은 아무리 나누어도 N, S 자극이 항상 동시에 존재하며, 같은 수로 유출, 유입하는 자속을 발생한다. 따라서 자화된 자성체를 둘러싸고 있는 폐곡면 S를 통하여 발산하는 자속의 총수는 0이 되며, 다음 식으로 나타낼 수 있다.

$$\int\int_S \mathbf{B}\cdot\mathbf{n}dS = 0 \tag{6.69}$$

발산의 정리를 적용하면

$$\int\int_S \mathbf{B}\cdot\mathbf{n}dS = \int\int\int_v \mathrm{div}\mathbf{B}dv = 0 \tag{6.70}$$

가 된다. 또한, 자성체 내의 모든 점에서 성립하므로

$$\mathrm{div}\mathbf{B} = \mathbf{0} \tag{6.71}$$

이 된다. 이것은 자속밀도 B의 새로운 발산이 없음을 의미하며, 따라서 자속선은 항상 연속으로 폐곡선을 이루고 있음을 나타낸다.

[예제 6-11]

자계 중 철심 내부의 자계의 세기가 800[AT/m], 철심 내부의 자속밀도가 0.5[Wb/m^2]이면, 철심의 비투자율은 얼마인가?

풀이 :

철심의 내부 자계 H = 800[AT/m], 자속밀도 B = 0.5[Wb/m^2]

따라서, 철의 비투자율 μ_s는 $B = \mu H = \mu_0\mu_s H$로 부터

$$\mu_s = \frac{B}{\mu_0 H}$$

$$\therefore\ \mu_s = \frac{0.5}{4\pi\times10^{-7}\times800} \fallingdotseq 497$$

6-5-4 자성체 경계면에서의 자계

자력선이 투자율이 서로 다른 자성체의 경계면을 통과할 때, 자계의 세기와 자속밀도는 경계면 양측에서 다음 **경계조건**에 의해 굴절이 일어난다.

첫째, 자계의 세기의 경계면에 대한 접선 성분(평행 성분)은 경계면 양측에서 서로 같다. 즉 연속적임을 의미한다. 둘째, 자속밀도의 경계면에 법선 성분은 경계면 양측에서 서로 같다. 즉, 연속적이다.

[그림 6-25](a)와 같이 투자율이 μ_1, μ_2인 두 자성체가 접하여 있을 때 경계면 각 매질에서 자계의 세기를 H_1, H_2, 자속밀도를 B_1, B_2, 입사각과 굴절각을 θ_1, θ_2라 하자.

경계면 간의 두 점 A, B사이의 자위 차는

$$H_1\sin\theta_1 \cdot \overline{AB} = H_2\sin\theta_2 \cdot \overline{AB}$$

이 되며, 이 식을 정리하면

$$H_1 \cdot \sin\theta_1 = H_2 \cdot \sin\theta_2 \tag{6.72}$$

$$H_{1t} = H_{2t}$$

의 첫 번째 조건이 얻어진다.

[그림 6-25](b)와 같이 투자율이 μ_1, μ_2인 경계면 양측 각 매질에서 자속밀도를 B_1, B_2라 할 때, 경계면의 법선을 축으로 하는 단면적 $dS[m^2]$인 원통을 가우스 폐곡면으로 취하면, 이 원통으로 유출, 유입하는 자속선 수는 같으므로

$$B_1\cos\theta_1 \cdot dS = B_2\cos\theta_2 \cdot dS$$

$$B_1\cos\theta_1 = B_2\cos\theta_2 \tag{6.73}$$

$B_{1n} = B_{2n}$의 두 번째 조건이 얻어진다.

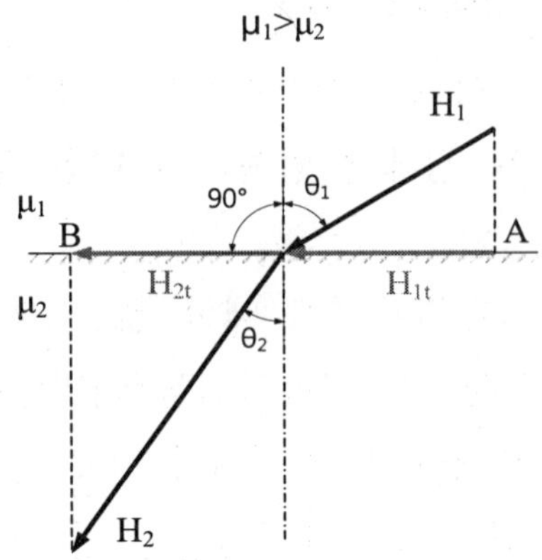

(a)

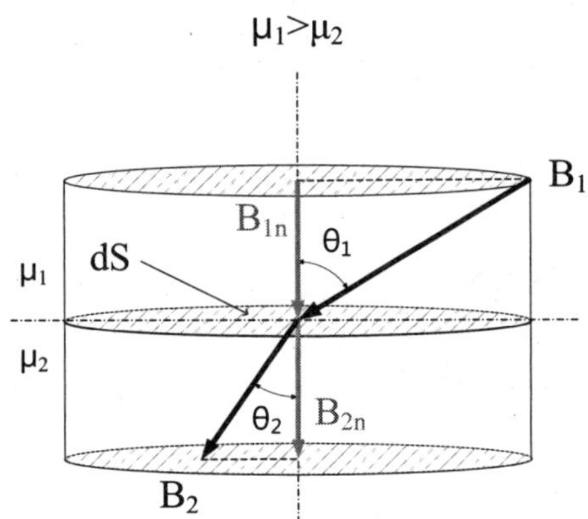

(b)

[그림 6-25] 경계면에서의 자계와 자속의 경계조건

한편, $B=\mu H$이므로 식 (6.73)은

$$\mu_1 H_1 \cos\theta_1 = \mu_2 H_2 \cos\theta_2 \tag{6.74}$$

가 되며 식 (6.72)을 식 (6.73)로 나누면

$$\frac{H_1 \sin\theta_1}{B_1 \cos\theta_1} = \frac{H_2 \sin\theta_2}{B_2 \cos\theta_2}$$

$$\frac{\tan\theta_1}{\tan\theta_2} = \frac{\mu_1}{\mu_2} \tag{6.75}$$

의 관계식이 얻어지며, 이것은 굴절각은 투자율에 비례한다는 것을 의미한다. 이 관계를 자력선의 **굴절 법칙이**라 부른다.

예를 들면, $\mu_1 < \mu_2$ 일 경우 $\theta_1 < \theta_2$이 되어 자속밀도는 $B_1 < B_2$가 된다. 이는 자속은 투자율이 작은 자성체(공기)에서 투자율이 큰 자성체(철심)로 모이는 경향이 있음을 나타낸다.

6-5-5 강자성체의 특징

(1) B－H 자화곡선

지금까지 자성체에 대한 해석에서는 투자율 μ와 자화율 χ가 항상 일정한 값을 갖는 것으로 취급하였다. 그러나 강자성체의 경우 자화의 거동(mechanism)은 매우 복잡하여 투자율 μ과 자화율 χ는 인가 전계의 세기에 따라 그 값이 변하며, 따라서 상수로 다룰 수는 없다.

[그림 6-26]은 철이나 니켈 같은 강자성체에 자계를 가했을 경우 자화 특성이다.

자화의 세기 J의 곡선을 보면 처음 H가 작을 때는 J는 비교적 천천히 증가하나(Oa부분), 자계 H가 그 이상 증가함에 따라서 J는 급격히 증가한다(ab부분). 그러나 b부분을 지나면서 J는 증가는 점점 감소하여 자계의 세기 H가 더 증가하여도 더 증가하지 않는 포화상태에 이른다.

이처럼 강자성체에서 H와 B의 관계는 $B = \mu H$와 같이 정비례하지 않으며, 이것은 투자율 $\mu (= \mu_0 \mu_s)$가 일정한 값을 가지지 않는다는 것을 의미한다.

μ－H곡선에서 H의 증가에 따른 μ의 변화는 H의 크기가 작은 영

역에서 μ는 크게 증가하다가 BH곡선의 (Oa)부분에서 최대투자율 μ_m이 발생한 후 점차로 감소함을 알 수 있다. 특히, H=0의 투자율

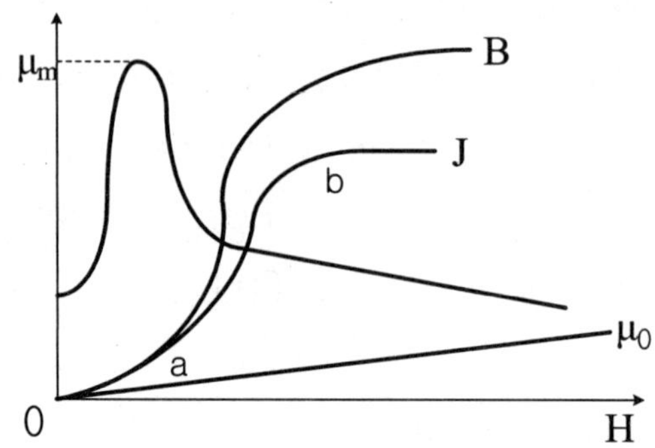

[그림 6-26] 강자성체의 자화곡선

$\mu_i = \left(\frac{dB}{dH}\right)_{H=0}$를 **초기투자율**(初期透磁率 ; initial permeability)이라 한다.

(2) 히스테리시스 현상

강자성체에 외부 자계를 인가하여 포화상태까지 자화시킨 후, 외부 자계를 감소시킬 때 자속밀도(B)의 값이 자계(H)가 증가할 때의 값과 감소할 때의 값이 다른 현상을 **히스테리시스 현상**이라 한다.

[그림 6-27]의 자기이력곡선에서 자계의 세기 H를 $0 \to +H_m$으로 증가시킨 후 $H_m \to 0$으로 감소시키면 자속밀도 곡선 B는 Oa로 증가하였다가 ab로 감소한다. H=0[AT/m]인 b점에서 자속밀도 B는 0이 되지 않고 **잔류자속밀도**(殘留磁束密度; remnant flux density) B_r[Wb/m^2]를 남긴다. 이어 자계를 반대 방향으로 증가시키면 자화곡선은 bc가 된다. 점 c의 자계의 세기 H_c에서 자속밀도 B는 0이 된다. 이처럼 자속밀도 B를 0으로 만드는 자계 $\pm H_c$(=Oc=Of)를

보자력(保磁力; coercive force)이라 한다.

여기서, 자계를 반대 방향으로 더욱 증가시키면 점 d에서 포화되며, 이어서 자계 H를 감소시킨 후 +방향으로 증가시키면 자화곡선은 $0 \to +B_m \to +B_r \to 0 \to -B_m \to -B_r \to 0 \to +B_m$의 값을 가지는 oabcdef$a$의 궤적의 폐곡선을 그리게 되며, 이 곡선을 **히스테리시스 루프**(hysteresis loop)라 한다.

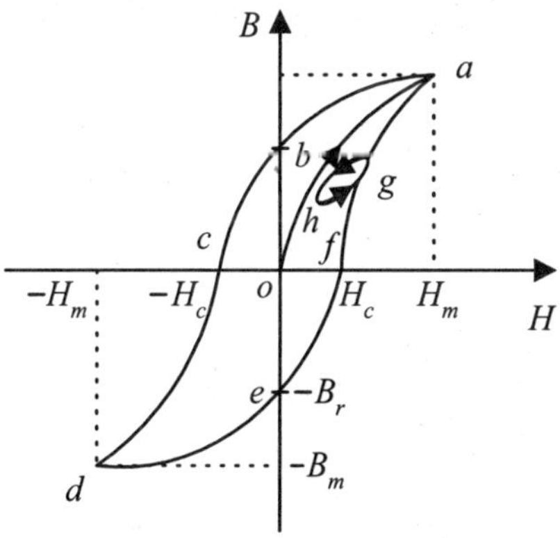

Br : 잔류자속밀도[Wb/m²], Hc : 보자력[AT/m]

[그림 6-27] 자기이력곡선

6-5-6 자화 에너지

[그림 6-28]처럼 강자성체를 자화하는 데 필요한 단위 체적당 에너지는 자화곡선과 종축(B축)으로 둘러싸인 면적이다. 따라서 자속밀도 B를 시간 dt[sec]내에 자속밀도를 dB만큼 증가시키는데 필요한 에너지는

$$dw = H \cdot dB [J/m^3] \tag{6.76}$$

이 되며, [그림 6-28]에서 빗금 친 면적에 해당한다.

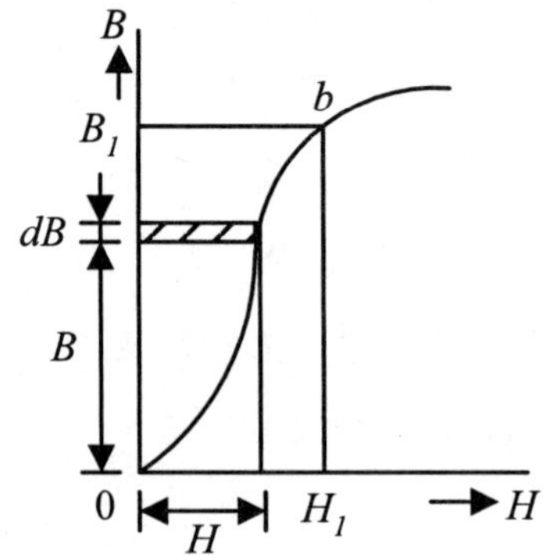

[그림 6-28] 자화 에너지

따라서 자속밀도를 0에서 B_1까지 자화하는데 단위 체적당 필요한 에너지는

$$w = \int_0^{B_1} H \cdot dB = \int_0^{B_1} HdB\,[J/m^3] \tag{6.77}$$

가 되며 [그림 6-28]에서 면적 ObB_1O에 해당한다.

자성체의 투자율이 μ[H/m]일 때 이 자성체를 0에서 B까지 자화시킬 때 필요한 에너지 밀도 w는

$$w = \int_0^{B} HdB = \int_0^{B} \frac{B}{\mu}dB = \frac{1}{2}\frac{B^2}{\mu}\,[J/m^3]$$

이 된다.

따라서 다음 관계식으로 유도된다.

$$w = \frac{1}{2}\frac{B^2}{\mu} = \frac{1}{2}\mu H^2 = \frac{1}{2}HB\,[J/m^3] \tag{6.78}$$

이 관계식은 자성체를 자화시키는데 필요한 에너지 밀도 또는 자성체에 저장된 자계 에너지를 의미한다.

따라서 체적이$V = Sl[m^3]$인 자성체의 자속밀도가 B일 때 이 자성체에 저장된 에너지는

$$W = \frac{1}{2}\frac{B^2}{\mu}Sl = \frac{1}{2}\mu H^2 Sl = \frac{1}{2}HBSl[J] \qquad (6.79)$$

이다.

[예제 6-12]

체적 $4[m^3]$인 자성체의 비투자율이 1000, 자성체 내의 자계가 20[AT/m]이다. 이 자성체에 저축되는 자계 에너지 밀도를 구하여라.

풀이 : 자계 에너지 밀도는

$$w = \frac{1}{2}\mu H^2 = \frac{1}{2}\mu_0\mu_s H^2 = \frac{1}{2} \times 4\pi \times 10^{-7} \times 1000 \times (20)^2$$

$$= 8\pi \times 10^{-2}$$

$$\fallingdotseq 25.13 \times 10^{-2}[J/m^3]$$

6-5-7 히스테리시스 손(w_h)

강자성체를 히스테리시스 곡선을 따라 일주(一週)시키는데 단위 체적당 소요되는 에너지는

$$w_h = \oint H \cdot dB \text{ : 히스테리시스 loop의 면적}$$

이 되며 히스테리시스 곡선으로 둘러싸인 면적이 된다.

- **히스테리시스 손(w_h)**

주기적으로 변화하는 자계에 의하여 강자성체가 자화를 반복할 경

우 1 cycle 당 단위 체적마다 이 loop 면적에 해당하는 에너지로 자구가 회전할 때 발생하는 마찰열이 되어 강자성체의 온도를 상승시키는 데 소비된다. 따라서 이것은 자기에너지 면에선 일종의 손실로 이라 부른다.

• **철손**(鐵損; iron loss)

체적 $V[m^3]$를 가진 강자성체에서 $f[Hz]$의 교류에 의한 자화에서 히스테리시스 손에 의한 전력 손실로

$$P_h = f \cdot V \cdot w_h [W] \tag{6.80}$$

가 되며, 대부분 열로 소비된다.

• **스타인메츠(Steinmetz)의 실험식**

히스테리시스 곡선의 최대자속밀도와 곡선의 모양 면적과의 관계식으로 다음과 같다.

$$w_h = \eta B_m^{1.6} [J/m^3] \tag{6.81}$$

η는 강자성체에 따라 정해지는 상수로 히스테리시스 상수라 하고, 지수 1.6을 **스타인메츠 정수**라 한다.

식 (6.81)을 식 (6.80)에 대입하면 철손은

$$P_h = f \cdot V \cdot \eta B_m^{1.6} [W] \tag{6.82}$$

와 같이 표시된다.

6-5-8 자성체 에너지에 의한 힘

[그림 6-29]처럼 자석의 N극이 전자력 $F_x[N]$에 의해 $dx[m]$만큼 움직였을 경우 자성체 사이에 작용하는 힘은 다음과 같다.

여기서, 자성체의 자속밀도를 $B[Wb/m^2]$, 투자율을 $\mu[H/m]$이며,

자성체의 자계 에너지는 $\frac{1}{2}\frac{B^2}{\mu}$[J/m³], 자성체 사이에서 자계 에너지는 $\frac{1}{2}\frac{B^2}{\mu_0}$[J/m³]이다.

- **자성체 사이의 힘**

$$F_x = -\frac{dW}{dx} = -\frac{(w_2 - w_1)\cdot B^2 \cdot S}{dx} = \frac{B^2 S dx}{2}\left(\frac{1}{\mu} - \frac{1}{\mu_0}\right)\frac{1}{dx}\,[N]$$

$$F_x = \frac{B^2 S}{2}\left(\frac{1}{\mu_0} - \frac{1}{\mu}\right)[N] \qquad (6.83)$$

가 된다.

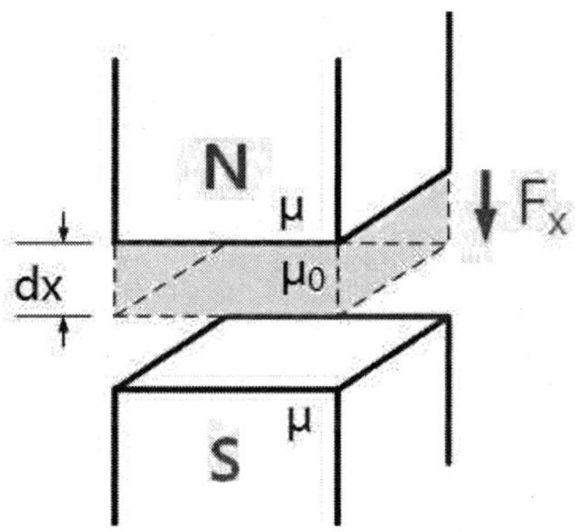

[그림 6-29] 자성체 사이의 힘

예를 들어, 자극이 철인 전자석의 경우 철의 비투자율이 $\mu_s \gg 1$이므로 (5,000 > 1) 이 전자석에 작용하는 전자력은

$$F_x = \frac{B^2 S}{2}\frac{1}{\mu_0} = \frac{1}{2}BHS = \frac{1}{2}\mu_0 H^2 S\,[N] \qquad (6.84)$$

이 되며, 자극의 단위 면적당 작용하는 힘은

$$f = \frac{1}{2}BH = \frac{B^2}{2\mu_0} = \frac{1}{2}\mu_0 H^2 [N/m^2] \tag{6.85}$$

이 된다.

[예제 6-13]

공기 중에서 자극의 세기가 같은 단면적 $S = 10[cm^2]$의 N, S 자극이 마주 보고 있다. 자성체 내부 자계가 1,000[AT/m]일 때, 두 자극 간에 작용하는 힘은 얼마인가?

풀이 : $F_x = \frac{1}{2}\mu_0 H^2 S$

$$= \frac{1}{2} \times 4\pi \times 10^{-7} \times (1{,}000)^2 \times 10 \times 10^{-4}$$

$$= 2\pi \times 10^{-4} [N]$$

이 된다.

[예제 6-14]

단면적 $S = 100[cm^2]$인 전자석에 자속밀도 $B = 1[Wb/m^2]$인 자속이 발생할 때, 철판을 흡인하는 힘은 약 몇 [N]인가?

풀이 : 공극이 두 곳에 있으므로

$$F = f \cdot S = \frac{B^2}{2\mu_0} S = \frac{1^2 \times 100 \times 10^{-4}}{2 \times 4\pi \times 10^{-7}} \fallingdotseq 3979 [N]$$

[예제 6-15]

그림과 같이 단면적 $S = 10 \times 10^{-4}[m^2]$인 전자석에 자속밀도 $B = 2[Wb/m^2]$인 자속이 발생할 때, 철편을 흡인하는 힘은 약 몇

[N]인가?

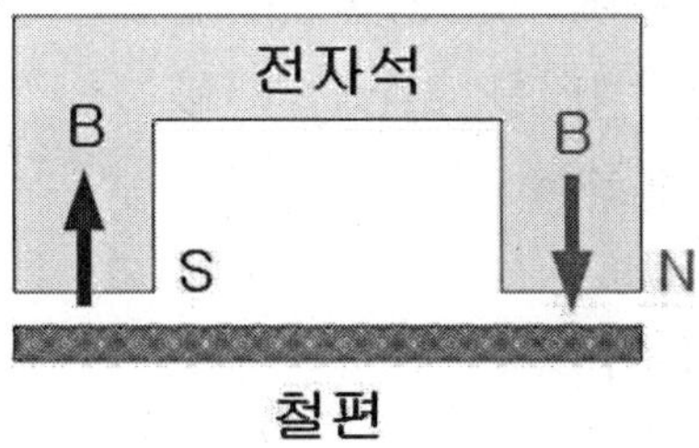

풀이 : 공극이 두 곳에 있으므로

$$F = \frac{B^2}{2\mu_0}2S = \frac{2^2 \times 2 \times 10 \times 10^{-4}}{2 \times 4\pi \times 10^{-7}} = \frac{1}{\pi} \times 10^4 [N]$$

[예제 6-16]

10톤의 철을 끌어 올릴 수 있는 전자석을 설계하려고 한다. 자극 표면에서의 자속밀도를 $1[Wb/m^2]$로 한다면 자극 면적은 약 몇 $[m^2]$인가?

풀이 : $F = 10[t] = 10 \times 10^3 [kg중] = 10 \times 10^3 \times 9.8 [m/s^2]$이며,

$F = f \cdot S = \frac{B^2 S}{2\mu_0}$이다.

$$\therefore \ S = \frac{2\mu_0 F}{B^2} = \frac{2 \times 4\pi \times 10^{-7} \times 10 \times 10^3 \times 9.8}{1^2} = 2.146 \times 10^{-1} [m^2]$$

6-5-9 자기회로

(1) 자기회로

자속이 흐르는 길을 자기회로(magnetic circuit)라 한다.

[그림 6-30]은 coil이 N[turns]로 감겨 진 자기회로이다. 이 coil에 흐르는 전류 I[A]에 의해 자기회로 내 발생한 자계를 H[AT/m], 자계 방향의 미소 선분 벡터를 dl[m]라 할 때, 이 회로에 Ampere의 주회 적분 법칙을 적용하면

$$\oint_c \mathrm{H} \cdot \mathrm{dl} = \mathrm{NI}[\mathrm{AT}]$$

이 된다.

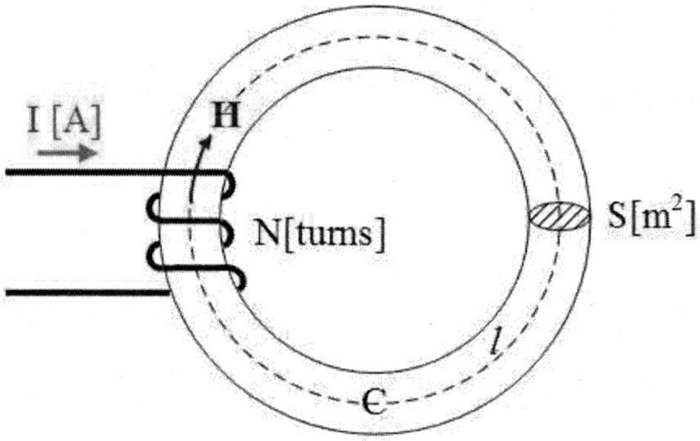

[그림 6-30] 자기회로

NI는 자기회로의 자속 Φ[Wb]를 만들어내는 에너지로 **기자력**(mmf, magneto motive force)이라 부르며, 다음과 같이 표기한다.

$$\mathscr{F}_m = \mathrm{NI}[\mathrm{AT}] \tag{6.86}$$

이 자기회로에서 자성체의 투자율 μ[H/m], 자속밀도 B[Wb/m^2], 자기회로의 단면적 S[m^2], 자속 Φ[Wb]이면 자속은

$$\Phi = \mathrm{BS} = \mu \mathrm{HS}[\mathrm{Wb}] \tag{6.87}$$

가 되며, 이 식을 자계 H에 대하여 정리하면

$$H = \frac{\Phi}{\mu S} [AT/m] \tag{6.88}$$

가 된다. 따라서 이 식은

$$\mathscr{F}_m = \oint_c H \cdot dl = \oint_c Hdl = \oint_c \frac{\Phi}{\mu S} dl [AT] \tag{6.89}$$

이 되며,

$$\mathscr{F}_m = \oint_c \frac{\Phi}{\mu S} dl = \frac{\Phi}{\mu S} \oint_c dl = \Phi \frac{1}{\mu S} [AT] \tag{6.90}$$

가 된다. 식 (6.86)와 식 (6.90)로부터

$$NI = \frac{1}{\mu S} \Phi = R_m \Phi \tag{6.91}$$

라 놓을 수 있으며, 여기서 자기저항을 구할 수 있다.

$$R_m = \frac{NI}{\Phi} = \frac{1}{\mu S} [AT/Wb] \tag{6.92}$$

이것은 전기회로의 전기저항$\left(R = \rho \frac{l}{S} = \frac{1}{\sigma} \frac{l}{S}\right)$와 같은 의미의 물리량으로 자기회로에 대한 **자기저항**(magnetic resistance or reluctance)이라 하며 단위는 [AT/Wb]를 사용한다. 또한, 자기저항의 역수 $1/R_m$을 **퍼미언스**(permeance)라 한다. 이상의 관계로부터

$$NI = R_m \Phi \tag{6.93}$$

$$R_m = \frac{NI}{\Phi}$$

$$\Phi = \frac{NI}{R_m}$$

의 관계식이 얻어지며, 이 식을 자기회로의 Ohm의 법칙이라 한다.

[표 6-2]은 전기회로와 자기회로의 대응 관계를 요약한 것이다.

[표 6-2] 전기회로와 자기회로

전 기 회 로			자 기 회 로		
기전력	V	[V]	기자력	$\mathscr{F}$	[AT]
전류	I	[A]	자속	Φ	[Wb]
전기저항	R	[Ω]	자기저항	R_m	[AT/Wb]
전계	E	[V/m]	자계	H	[AT/m]
전류밀도	J	[A/m^2]	자속밀도	B	[Wb/m^2]
도전율	σ	[℧]	투자율	μ	[H/m]

[예제 6-17]

어떤 고리형 자성체에 코일을 100회 감고 2[A]의 전류를 인가할 때, 이 자성체에 400[μWb]의 자속이 통과했다. 그리고, 철심의 단면적은 10[cm^2]이고, 고리형 자성체의 평균 반지름은 10[cm]일 때, 이 자성체의 비투자율을 구하여라.

풀이 :

$\Phi = \frac{NI}{R_m}$, $R_m = \frac{l}{\mu S}$에서

$\Phi = \frac{\mu SNI}{l}$이므로

$$4 \times 10^{-4} = \frac{4\pi \times 10^{-7} \times \mu_s \times 10 \times 10^{-4} \times 100 \times 2}{2 \times \pi \times 10 \times 10^{-2}}$$

$\therefore\ \mu_s = 1000$

(2) **자기회로의 키르히호프 법칙**

자기회로도 다음과 같이 키르히호프 법칙이 성립한다.

첫째, 자기회로에서 임의의 결합점으로 유입하는 자속의 합과 유출하는 자속의 합은 같다.

$$\sum_{i=1}^{n} \Phi_i = 0 \tag{6.94}$$

둘째, 임의의 폐 자로에서 자속과 자기저항의 곱의 대수 합은 폐 자로에 있는 기자력의 대수합과 같다.

$$\sum_{i=1}^{n} R_i \Phi_i = \sum_{i=1}^{m} N_i I_i \tag{6.95}$$

(3) **복합 자기회로**

1) 직병렬회로

$$R_1 = \frac{l_1}{\mu_1 S_1},\ R_2 = \frac{l_2}{\mu_2 S_2},\ R_3 = \frac{l_3}{\mu_3 S_3}\,[AT/Wb]$$

① 직렬 회로

자기저항 R_1, R_2, R_3인 자성체가 직렬 연결인 경우 합성저항은

$$R_m = R_1 + R_2 + R_3 = \frac{l_1}{\mu_1 S_1} + \frac{l_2}{\mu_2 S_2} + \frac{l_3}{\mu_3 S_3}\,[AT/Wb] \tag{6.96}$$

와 같다.

또한, 기자력이 $\mathscr{F}_m$[AT]일 때, 각 자기저항을 통하는 자속은

$$\Phi = \frac{\mathscr{F}_m}{R_m} = \frac{\mathscr{F}_m}{R_1 + R_2 + R_3}\,[Wb] \tag{6.97}$$

각 자성체에서 자기저항의 크기는 일정하며, 각 자기저항에서 소

요되는 기자력과 총기자력은

$$\begin{aligned}\mathscr{F}_m &= \mathscr{F}_1 + \mathscr{F}_2 + F_3 \\ &= \Phi R_1 + \Phi R_2 + \Phi R_3 \\ &= \frac{l_1\Phi_1}{\mu_1 S_1} + \frac{l_2\Phi_2}{\mu_2 S_2} + \frac{l_3\Phi_3}{\mu_3 S_3} \\ &= \frac{l_1 B_1}{\mu_1} + \frac{l_2 B_2}{\mu_2} + \frac{l_3 B_3}{\mu_3} \\ &= l_1 H_1 + l_2 H_2 + l_3 H_3 [AT]\end{aligned} \tag{6.98}$$

[예제 6-18]

그림과 같이 공극을 갖는 권수 N[turns]로 coil이 감긴 환상 철심형 자기회로가 있다. coil에 I[A]의 전류를 흘렸을 때 합성 자기저항과 자속 Φ을 구하시오.

풀이 : 철심과 공극 부분의 투자율이 각각 μ, μ_0[H/m], 단면적은 $S_c = S_g = S[m^2]$, 길이는 각각 l_c, l_g[m]라 하면, 각 부분의 자기저항 R_c, R_g는

$$R_c = \frac{l_c}{\mu S}\ ,\ R_g = \frac{l_g}{\mu S}$$

가 되므로 합성 자기저항R_m은 다음과 같이 된다.

$$R_m = R_c + R_g = \frac{l_c}{\mu S} + \frac{l_g}{\mu_0 S} [AT/Wb]$$

기자력은 $\mathscr{F} = NI$ [AT]이므로, 단면적 S를 통하여 자속은

$$\Phi = \frac{F}{R} = \frac{NI}{\dfrac{l_c}{\mu S} + \dfrac{l_g}{\mu S}} [Wb]$$

이 된다.

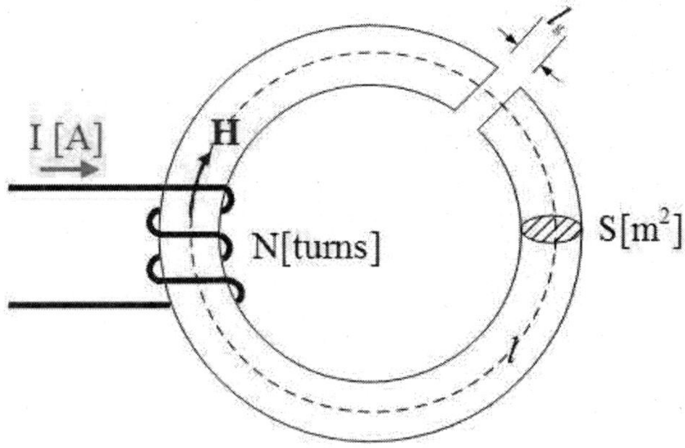

② 병렬회로

자기저항 R_1, R_2, R_3인 자성체가 병렬로 연결되어 있을 경우 합성저항은

$$R_m = \frac{1}{\frac{1}{R_1} + \frac{1}{R_2} + \frac{1}{R_3}} [AT/Wb] \tag{6.99}$$

이 된다.

[예제 6-19]

코일로 감겨 진 자기회로에서 철심의 투자율을 μ라 하고, 회로 길이를 l[m]이라 할 때, 그 회로의 일부에 미소 공극 l_g[m]를 만들면 회로의 자기저항은 처음의 몇 배가 되는가? 단, $l \gg l_g$, 즉 $l - l_g \fallingdotseq l$ 이다.

풀이 : 공극이 없을 때 자기저항 R은

$$R = \frac{l}{\mu S}$$ (여기서, $S[m^2]$는 철심의 단면적)

미소 공극 l_g[m]가 있을 때의 자기저항 R_m은

$$R_m = R_1 + R_2 = \frac{l_g}{\mu_0 S} + \frac{l}{\mu S}$$

따라서

$$\therefore \ \frac{R_m}{R} = \frac{\dfrac{l_g}{\mu_0 S} + \dfrac{l}{\mu S}}{\dfrac{l}{\mu S}} = 1 + \frac{l_g}{l}\mu_s$$

[예제 6-20]

길이 1[m]의 철심($\mu_s = 3000$) 자기회로에 1[mm]의 공극이 생겼을 때, 전체의 자기저항은 약 몇 배로 증가 되는가? (각부의 단면적은 일정하다.)

풀이 : $\dfrac{R_m}{R} = 1 + \dfrac{l_g}{l}\mu_s = 1 + \dfrac{1 \times 10^{-3}}{1} \times 3000 = 4$

[예제 6-21]

철심 ACB의 부분에 N_1[turns]의 코일을 감아서 I_1[A]의 전류를 흘리고 ADB에 N_2[turns]의 코일을 감아 I_2[A]를 흘릴 때, AB의 철심을 통하는 자속 ϕ_3를 구하라. 단, ACB, ADB, AB의 철심 길이를 각각 l_1, l_2, l_3, 단면적을 S_1, S_2, S_3, 투자율을 μ_1, μ_2, μ_3라 한다.

풀이 : 철심 ACB, ADB, AB의 자기저항을 각각 R_1, R_2, R_3라 하면

$$R_1 = \frac{l_1}{\mu_1 S_1},\ R_2 = \frac{l_2}{\mu_2 S_2},\ R_3 = \frac{l_3}{\mu_3 S_3}$$

철심 A의 자속 교점에 키르히호프 제 1법칙을 적용하면

$\phi_1 - \phi_2 + \phi_3 = 0$ 이며

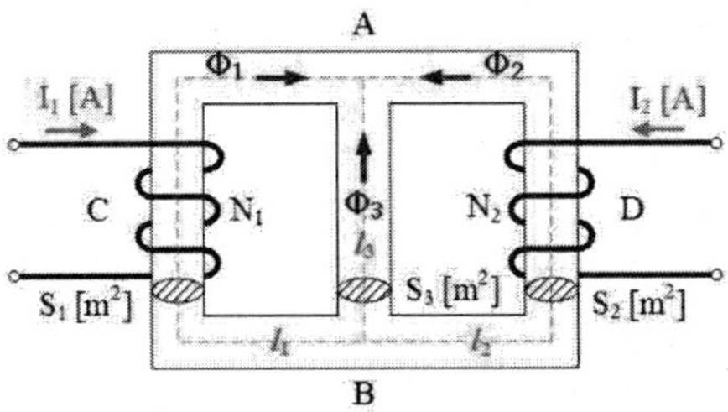

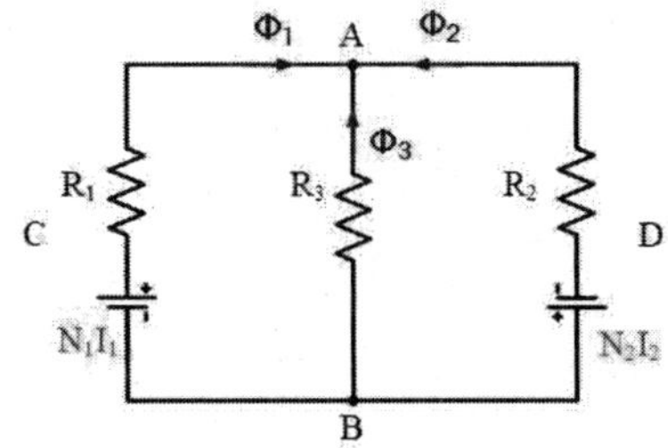

또, 폐회로 ABCA에 키르히호프 제 2 법칙을 적용하면

$R_1\phi_1 - R_3\phi_3 = N_1I_1$ 이고

폐회로 ADBA 에서는 키르히호프 제 2 법칙에 의해

$R_2\phi_2 + R_3\phi_3 = N_2I_2$ 이다.

위 연립 방정식을 행렬식으로 변화하면 다음과 같다.

$$\begin{vmatrix} 1 & -1 & 1 \\ R_1 & 0 & -R_3 \\ 0 & R_2 & R_3 \end{vmatrix} \begin{vmatrix} \phi_1 \\ \phi_2 \\ \phi_2 \end{vmatrix} = \begin{vmatrix} 0 \\ N_1I_1 \\ N_2I_2 \end{vmatrix}$$

따라서, 철심 AB에 흐르는 자속 ϕ_3는

$$\phi_3 = \frac{\begin{vmatrix} 1 & -1 & 0 \\ R_1 & 0 & N_1I_1 \\ 0 & R_2 & N_2I_2 \end{vmatrix}}{\begin{vmatrix} 1 & -1 & 1 \\ R_1 & 0 & -R_3 \\ 0 & R_2 & R_3 \end{vmatrix}} = \frac{R_1N_2I_2 - R_2N_1I_1}{R_1R_2 + R_2R_3 + R_3R_1}[\mathrm{Wb}]$$

이다.

제 7 장

전자유도와 인덕턴스

7-1 Faraday 전자유도 법칙

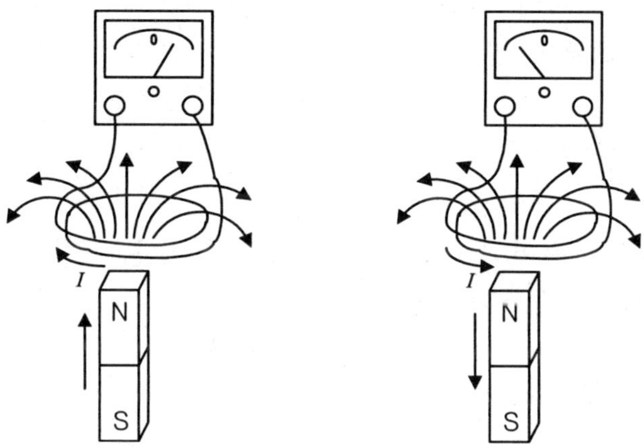

(a) (b)

[그림 7-1] 자석의 이동에 따른 전자유도

[그림 7-1](a)와 같이 자석이 위로 움직여 coil과 근접하게 되면 coil을 통과하는 즉, coil과 쇄교(鎖交)하는 자속이 증가하게 되며, 따라서 coil에는 자속의 증가를 방해하는 방향으로(시계방향) 유도기전력이 유도되어 유도전류가 발생한다.

이와 반대로 [그림 7-1]](b)처럼 자석이 아래로 움직여 coil과 멀어지게 되면 coil을 통과하는 사속이 감소하게 되며, 따라서 지속의 감소를 방해하기 위해 반시계방향으로 유도전류가 유도되어 새로운 자속이 발생하여 자속을 증가시키게 된다.

이처럼 도체를 쇄교하는 자력선의 변화가 일어나거나 도체가 자력선을 끊을 때 도체 양단에 기전력이 발생하는 현상을 **패러데이의 전자유도**(electromagnetic induction)라 하며, 이때의 전류를 **유도전**

류(induced current), 기전력을 **유도기전력**(induced electromotive force)이라 한다.

• **패러데이 법칙**(Faraday's law)

"전자유도에 의한 기전력의 크기는 쇄교 자속 Φ[Wb]가 시간적으로 변화하는 비율과 같다."

$$e = -\frac{d\Phi}{dt}\,[V] \tag{7.1}$$

- 쇄교 자속이 1[sec]동안 1[Wb]의 비율로 변하면 1[V]의 기전력이 유도된다.

• **렌츠의 법칙**(Lentz's law)

"(−)는 유도기전력 e[V]의 방향은 처음 자속과 반대방향의 자속을 발생시키는 방향이다."

• **노이만의 법칙**(Neumann's law)

"코일의 권수가 N[turns]이면 쇄교자속수는 $N\phi$[Wb・turns]가 되며, 유도기전력은 다음과 같다.

$$e = -N\frac{d\Phi}{dt}\,[V] \tag{7.2}$$

[예제 7-1]

어떤 원형 회로에 쇄교 자속이 30[Wb]이다. 0.1[sec]동안 쇄교 자속이 10[Wb]로 감소하면, 유기되는 유도기전력은 몇 [V]인가?

풀이 : 유도기전력 $e = -\frac{d\phi}{dt}$에서

$\Delta\phi = 10 - 30 = -20$[Wb] $\Delta t = 0.1$[Wb]이다.

$\frac{d\phi}{dt} \fallingdotseq \frac{\Delta\phi}{\Delta t}$이므로

유도기전력은 $e = -(-20)/0.1 = 200$ [V]

7-2 플레밍의 오른손 법칙

7-2-1 운동 도체에 의한 유도기전력

[그림 7-2]와 같이 시간적으로 크기가 변하지 않는 평등 자속밀도 B[Wb/m^2]에 코일 면이 수직으로 놓인 사각형 코일 중 한 변의 길이가 l[m]인 도체 ab가 dt[sec]동안 속도 v[m/s]로 이동하였다면 이로 인한 자속의 증가는 dt[sec]사이에 변화된 면적이 $dS = l v dt$ [m^2]이므로, dt[sec]사이에 변화된 쇄교 자속은 다음과 같다.

$$d\Phi = BdS = Blvdt$$

따라서 유도기전력은 식 (7.1)에 의해 다음과 같이 정리된다.

$$e = -\frac{d\Phi}{dt} = -\frac{Blvdt}{dt} = -Blv \text{ [V]} \tag{7.3}$$

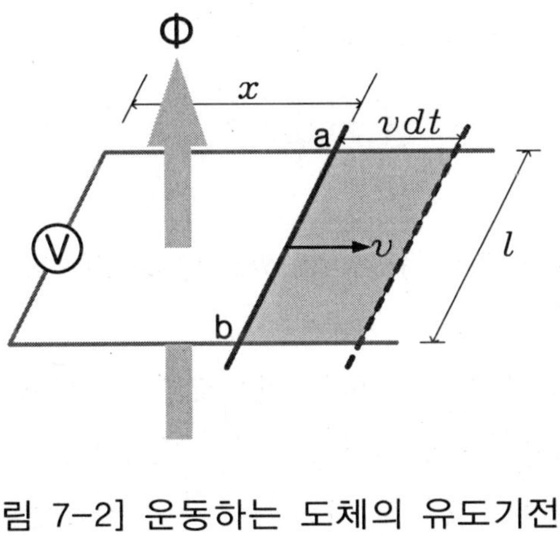

[그림 7-2] 운동하는 도체의 유도기전력

여기서, 부호 '-'는 자속의 증가를 방해하는 방향 즉 a → b방향으로 기전력이 유도됨을 의미한다.

따라서 식(7.3)는 평등 자속밀도 B[Wb/m^2]의 자계 내에 위치한 길이 l[m]의 도선이 v[m/s]의 속도로 자속에 수직하여 이동하면 e=Blv[V]의 유도기전력이 도선에 발생한다고 말할 수 있다.

또한, 이것은 도체가 자속을 끊는다고 말할 수 있으며, 반대로 정지된 도선에 자속이 변화하였을 때도 같은 결과가 나온다.

7.2.2 Fleming의 오른손 법칙

[그림 7-3]처럼 자계 내에서 속도 v[m/s]로 이동하는 길이 l[m]의 도체와 자속과의 사이 각이 θ일 때 운동 도체에 유도되는 기전력은

$$e = Blv\sin\theta\,[V] \tag{7.4}$$

가 된다.

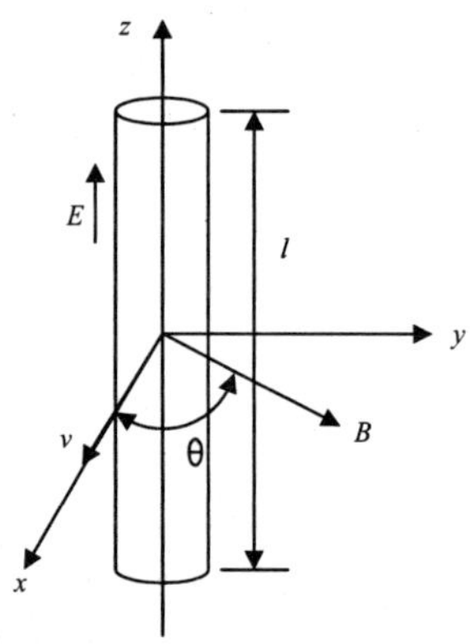

[그림 7-3] 자속밀도 B와 각 θ로 운동하는 도체의 유도기전력

이 관계는 플레밍의 오른손 법칙으로 설명된다. [그림 7-4](a)처럼 오른손의 엄지, 검지, 중지를 서로 직각으로 하여 엄지를 속도 v의 도체 운동 방향, 검지를 자속밀도 B의 방향으로 할 때 중지는 유

도기전력 e의 방향이 되며 이 관계를 **플레밍의 오른손 법칙**(Fleming's right hand law)이라 한다.

또한, 플레밍의 오른손 법칙을 [그림 7-4](b)처럼 직각좌표계에서의 벡터 곱(외적)으로도 표시할 수 있다.

속도 v방향에서 자속밀도 B의 방향으로 회전할 때 오른나사의 진행 방향이 유도기전력의 방향이 되며 이를 수식으로 나타내면

$$\mathbf{e} = (\mathbf{v} \times \mathbf{B}) l \,[\mathrm{V}] \qquad (7.5)$$

의 벡터식이 된다.

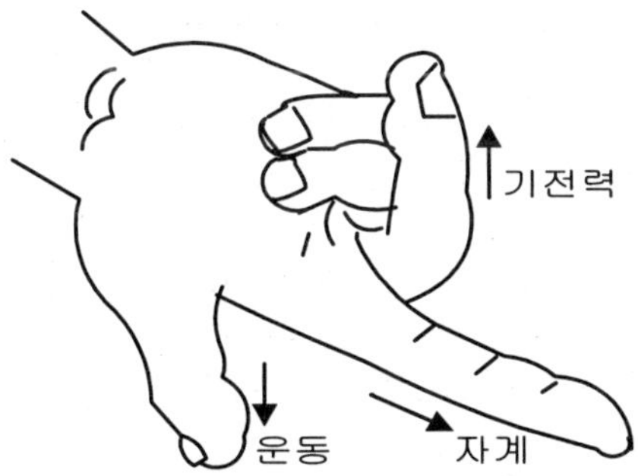

(a)

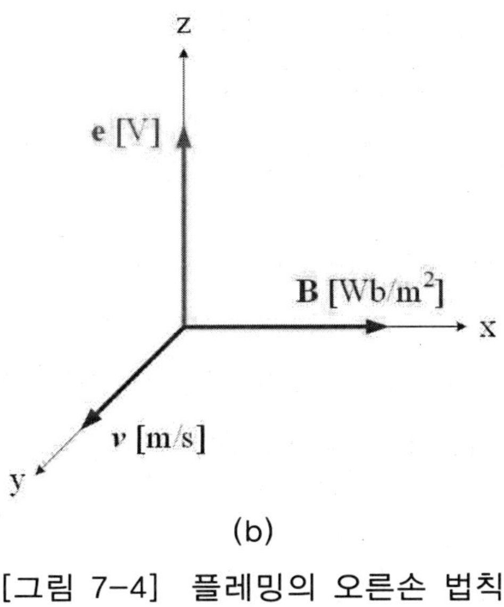

(b)

[그림 7-4] 플레밍의 오른손 법칙

[예제 7-2]

권수 N[turns], 면적 S[m^2]인 원형 코일이 평등 자계 내에서 자속밀도 B[Wb/m^2]인 자계와 수직으로 만나는 축을 중심으로 각속도 ω[rad/sec]로 회전하는 경우, 이 코일에 유기되는 기전력을 구하라. 또한, $B=0.5$[Wb/m^2], $\omega=2\pi$[rad/sec], $N=100$[turns], $S=1$[m^2] 일 때 기전력은 몇 [V]인가?

풀이 :

(1) 자속밀도 B[Wb/m^2]와 코일 면이 이루는 각 θ, 권수는 N 전체 코일이 쇄교하는 쇄교자속수는,

$\lambda = NBS\cos\theta$[Wb]

그러므로, 코일이 회전하면 유도기전력 식에 의해서

$$e = -\frac{d\lambda}{dt} = -\frac{d}{dt}(NBS\cos\theta) = -NBS\frac{d}{dt}\cos\theta$$

$$= NBS\sin\theta\frac{d\theta}{dt}\,[V]$$

$\frac{d\theta}{dt} = \omega$[rad/sec] $\theta = \omega t$[rad]이므로,

위의 식에 대입하면,

$e = NBS\sin\omega t \cdot \omega = NBS\omega\sin\omega$[V]

(2) 실제 주어진 값을 대입하면,

$e = 100 \times 50 \times 1 \times 2\pi \times \sin2\pi t = 100\pi\sin2\pi$[V]

(주파수 f인 정현파는 $\sin2\pi f$ $\therefore f = 1$[Hz]로 표현되므로, 최대전압은 $E_m = 100\pi$[V]임.)

7-3 와전류

일반적으로 도체와 자속의 상대적인 운동으로 도체 내 자속의 시간적인 변화가 발생하거나 도체를 관통하는 자속이 변화를 일으키면 이 자속의 변화를 방해하기 위하여 도체 내에 국부적으로 형성되는 폐회로를 따라 유도되는 전류를 **와전류**(渦電流, eddy current) 또는 **맴돌이 전류**라 한다.

- 와전류의 밀도

$$\mathrm{rot}J = -k\frac{\partial B}{\partial t} \tag{7.6}$$

- **와전류손**(P_e : eddy current loss)

도체 내의 와전류에 의한 Joule열로 발생하는 전력의 손실

$$P_e = Akf^2B_m^2\,[\mathrm{Wb/m^3}] \tag{7.7}$$

여기서, k[℧/m]는 도체의 도전율, f[Hz]는 교번 자속의 주파수, B_m은 최대자속밀도, t[m]는 도체의 두께, A는 비례상수이다.

와전류 손실은 교류 기기의 철심에서 주로 발생한다. 전자유도를 이용하는 변압기와 같은 전기기기에서는 철심에 코일을 감아서 전류를 흘리는데 자속의 변화가 심하여 큰 와류손실이 발생한다.

따라서 이 와류손실을 감소시키기 위하여 서로 절연한 얇은 규소강판을 적층하여 사용하므로 전류의 흐름을 억제하는 데 이 성층한 철심을 **성층 철심**(laminated core)이라 한다.

7-4 표피효과

원주형 도체에 교류 전원이 인가된 경우 도체에 흐르는 전류는 크기와 방향은 시간적으로 변하게 됨에 따라 도체 내 쇄교자속이 시간적으로 변화하면 전자유도 때문에 유도기전력이 전류와 반대 방향으로 발생한다. 따라서 도체의 중심부일수록 쇄교하는 자속이 증가함에 따라 역기전력이 커지게 되어 도체에 흐르는 전류는 도체 표면으로 밀려나게 된다. 이러한 현상을 **표피효과**(skin effect)라 하며, 교류 전원이 고주파일수록 도체의 도전율과 투자율이 클수록 표피효과는 심해진다.

- **표피두께**(skin depth)

도전율 k[℧/m], 투자율 μ[H/m]인 도체에 주파수가 f[Hz]인 교류 전원을 인가하였을 때, 표피효과에 의해 도체 내에 흐르는 전류가 표면 전류I_a의 e^{-1} 즉, 0.368배로 감소되는 깊이 δ[m] 로 표피두께(skin depth) 또는 침투두께(depth penitration)라 한다.

$$\delta = \sqrt{\frac{2}{\omega\mu k}} = \frac{1}{\sqrt{\pi f \mu k}}[\mathrm{m}] \tag{7.8}$$

- $I_a e^{-1} \fallingdotseq 0.368 I_a$ (7.9)

침투 깊이에서 도체 내부의 전류 값은 표면 전류 값의 36.8%로 감소하며, 수송전력도 $0.135(=0.368^2)$배로 감소한다. 따라서, 표피효과에 의해 도전체 내 전류 또는 자속의 분포는 표피에서의 깊이에 대하여 지수함수적으로 감소함을 알 수 있다.

그리고 도전율과 주파수가 최대값을 갖는 완전도체 혹은 초고주파의 경우 전류 또는 자속은 도체 내부로 침투하지 못하고 표면만을 흐르게 된다고 생각할 수 있다.

[예제 7-3]

어떤 구리 도선의 전도도는 약 $1/(2\times10^{-8})$[℧/m] 비투자율은 표면 전류밀도의 1/e이 되는 침투두께[mm]를 구하라.

풀이 : 침투두께 : $\delta=\sqrt{\frac{2}{\omega\mu k}}=\frac{1}{\sqrt{\pi f\mu k}}=\frac{1}{\sqrt{\pi f\ \mu_0\mu_s k}}$

$$\therefore\ \delta=\frac{1}{\sqrt{\pi\times1000\times4\pi\times10^{-7}\times1\times1/(2\times10^{-8})}}$$

$$=\frac{1}{2\pi\times10^2\times1/\sqrt{2}}$$

$$=\frac{1}{100\sqrt{2}\pi}$$

$$\fallingdotseq 2.251\times10^{-3}\ [\mathrm{m}]$$

$$=2.251[\mathrm{mm}]$$

7-5 자기 인덕턴스

전기코일에서는 자기 자신의 회로에 흐르는 전류의 변화에 따라 기전력이 발생한다. 이 기전력은 회로 전류의 변화로 이 전류에 의한 쇄교 자속 수가 변화하면 이 변화를 방해하는 방향으로 자기 자신의 회로 내에 발생하며, 이러한 현상을 **자기유도**(self induction)라 한다.

[그림 7-5]과 같이 권수 N회 감겨 진 코일에 전류 i[A]가 흐를 때 코일에서 발생한 쇄교 자속 λ는 권수 N과 자속 Φ의 곱으로 회로의 전류 i[A]에 비례하므로 $\lambda=N\Phi\propto i$ 가 되며

$$\lambda = N\Phi = Li\,[\mathrm{Wb-turns}] \tag{7.10}$$

가 된다. 따라서 자속 쇄교 수의 변화에 따른 유도기전력은

$$e = -\frac{d\lambda}{dt} = -N\frac{d\Phi}{dt} = -L\frac{di}{dt}\,[\mathrm{V}] \tag{7.11}$$

의 관계식이 성립한다. 여기서, 비례상수 L은 회로의 크기, 모양, 주위 매질의 투자율에 따라 정해지며, 이것을 **자기 인덕턴스**(coefficient of self inductance)라 하며, 다음과 같이 정의된다.

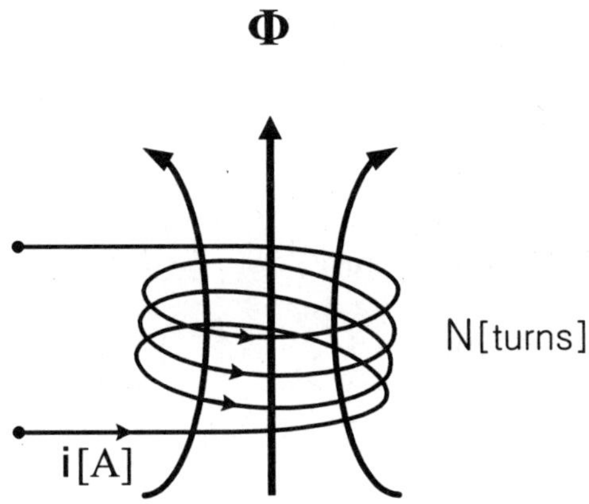

[그림 7-5] 자기 인덕턴스

$$L = \frac{N\Phi}{i}\,[\mathrm{H}] \tag{7.12}$$

이 식은 회로에 1[A]의 단위 전류가 흐를 때 코일과 쇄교하는 **자속 쇄교 수**가 자기 인덕턴스의 크기가 같음을 의미한다. 따라서 자기 인덕턴스의 단위 1[H](henry; 헨리)는 다음 식과 같이 정의된다.

$$1\,[\mathrm{H}] = \frac{1\,[\mathrm{Wb}]}{1\,[\mathrm{A}]} \tag{7.13}$$

$$1[\mathrm{H}]=\frac{1[\mathrm{V}]\cdot[\mathrm{s}]}{1[\mathrm{A}]}=1[\Omega\cdot \mathrm{s}] \tag{7.14}$$

이것은 자기 인덕턴스 1[H]는 단위 시간 1[s]에 회로 전류가 1[A]의 비율로 변할 때 유도되는 기전력이 1[V]임을 의미하며, 따라서 회로의 전류가 1[s]에 1[A]의 비율로 변화할 때의 발생한 유도기전력의 크기를 회로의 자기 인덕턴스의 값이라고 정의할 수 있다.

[예제 7-4]

원형 코일에 2[A]의 전류가 흐를 때 0.8[Wb]의 자속이 생긴다. 코일이 각각 50회, 100회 일 때의 자기 인덕턴스를 구하라.

풀이 :

1. N = 50회일 때 쇄교 자속 수 λ는

   $\lambda = N\phi = 50\times 0.8 = 40[\mathrm{Wb}\cdot \mathrm{turns}]$

   $\lambda = N\Phi = LI$ 이므로

   $\therefore\ L = \frac{\lambda}{I} = \frac{40}{2} = 20[\mathrm{H}]$

2. N = 100회일 때 쇄교 자속 수 λ는

   $\lambda = N\phi = 100\times 0.8 = 80[\mathrm{Wb}\cdot \mathrm{turns}]$

   $\lambda = N\Phi = LI$ 이므로

   $\therefore\ L = \frac{\lambda}{I} = \frac{80}{2} = 40[\mathrm{H}]$

7-6 상호 인덕턴스

[그림 7-6]과 같이 두 개의 회로 Ⅰ, Ⅱ가 근접하여 있을 때, 회로 Ⅰ에 전류 i_1[A]이 흘러 발생한 자속($\Phi_1 = \Phi_{11} + \Phi_{21}$)중 회로 Ⅱ와 쇄교하는 자속을 Φ_{21}이라 하면, 회로 Ⅰ에 전류 i_1에 의한 회로 Ⅱ의 자속 쇄교 수 $N_2\Phi_{21}$은 전류 i_1에 비례할 것이므로 $N_2\Phi_{21} \propto i_1$와 같으며, 따라서

$$N_2\Phi_{21} = M_{21}i_1 \tag{7.15}$$

처럼 비례상수 M_{21}을 도입한 다음 관계식이 성립한다.

따라서 회로 Ⅰ의 전류 i_1[A]가 시간 적으로 변화하여 회로 Ⅱ와 쇄교하는 자속 쇄교 수 Φ_{21}가 변한다면 이 자속 쇄교 수의 변화에 따른 유도기전력은 다음과 같다.

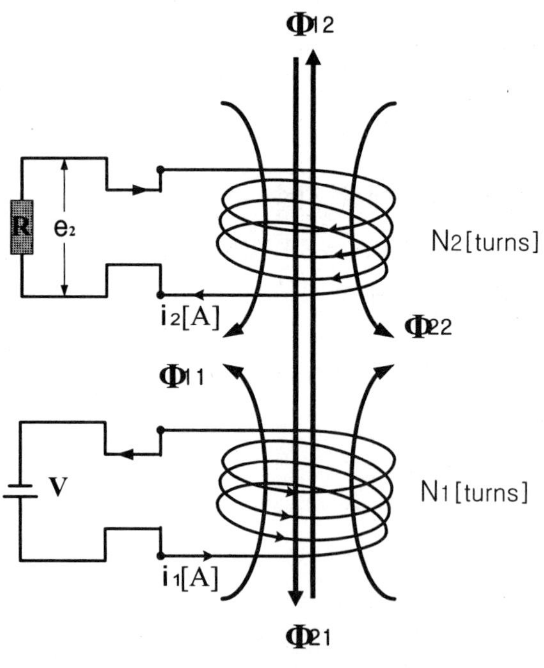

[그림 7-6] 상호 인덕턴스

$$e_{21} = -\frac{d\lambda_{21}}{dt} = -\frac{d(N_2\Phi_{21})}{dt} = -M_{21}\frac{di_1}{dt}\,[V] \tag{7.16}$$

여기서 비례상수 M_{21}은 회로 전류의 크기와는 무관하며 두 회로의 크기, 모양, 상호 위치, 주위 매질의 투자율에 따라 결정되므로 이것을 두 회로 간의 **상호 인덕턴스**(mutual inductance)라 하며 다음과 같이 표시된다.

$$M_{21} = \frac{N_2\Phi_{21}}{i_1}\,[Wb/A = H] \tag{7.17}$$

상호 인덕턴스의 단위는 자기인덕턴스와 마찬가지로 1[H](henry; 헨리)를 사용하며, 고정된 두 회로 사이에 전류를 서로 교환하였을 때 상호유도작용은 서로 같으므로 다음 관계가 성립한다.

$$M_{21} = M_{21} \tag{7.18}$$

[예제 7-5]

어떤 코일에 2000[AT]의 기자력을 인가하면 4×10^{-4}[Wb]의 자속이 발생했다. 이때 기자력에 의해서 코일에 가해진 에너지를 구하라.

풀이 :

$W - \frac{1}{2}LI^2 = \frac{1}{2}\frac{N\Phi}{I}I^2 = \frac{1}{2}N\Phi I$에 의해서

기자력 $NI = 2{,}000$[AT], 자속 $\Phi = 4\times10^{-4}$[Wb]를 대입하면

$W = \frac{1}{2}\times2000\times4\times10^{-4} = 0.4[J]$

7-7 자기 인덕턴스와 상호 인덕턴스의 관계

[그림 7-7](a)처럼 회로 C_1과 C_2사이에 상호 인덕턴스가 존재하는 경우 두 회로에 각각 i_1과 i_2의 전류가 흐를 때 두 회로와 쇄교하는 자속이 각각 Φ_1과 Φ_2라면

$$\Phi_1 = \Phi_{11} + \Phi_{12} = L_1 i_1 + M_{12} i_2 \qquad (7.19)$$

$$\Phi_2 = \Phi_{21} + \Phi_{22} = M_{21} i_1 + L_2 i_2$$

와 같이 된다. 여기서, $\Phi_{11}(= L_1 i_1)$, $\Phi_{22}(= L_2 i_2)$는 자기 자신의 전류에 의한 자속 쇄교 수이므로 다음과 같은 관계가 성립한다.

$$L_1,\ L_2 > 0 \qquad (7.20)$$

그러므로 상호 인덕턴스는 회로 C_1의 발생하는 자속이 회로 C_2와 쇄교할 때 회로 C_2에서 발생하는 자속과 같은 방향이 이므로 $M_{21} > 0$이 된다.

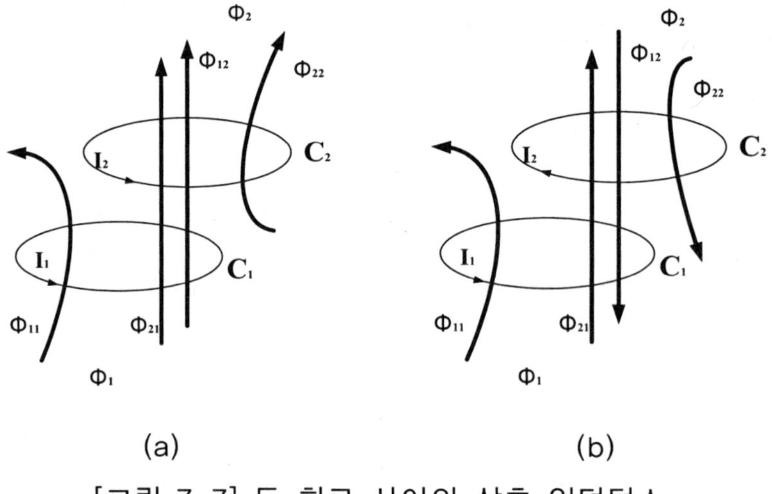

[그림 7-7] 두 회로 사이의 상호 인덕턴스

[그림 7-7](b)에서는 C_2의 자속이 회로 C_1과 쇄교할 때 C_1에서 발생하는 자속과 방향이 다르므로 $M_{12} < 0$가 된다. 따라서

$$\Phi_1 = \Phi_{11} - \Phi_{12} = L_1 I_1 - MI_2 \tag{7.21}$$

$$\Phi_2 = \Phi_{22} - \Phi_{21} = L_2 I_2 - MI_1$$

이 된다.

일반적으로 한 회로에서 발생한 자속이 모두 상대 회로와 쇄교하지 않으므로 즉, 누설자속이 존재하면

$$\Phi_{11} = L_1 I_1 > \Phi_{12} = MI_1 \tag{7.22}$$

$$\Phi_{22} = L_2 I_2 > \Phi_{21} = MI_2 \tag{7.23}$$

의 관계가 성립하며, 따라서 식 (7.22와 식 (7.23)을 곱하면

$$\Phi_{11}\Phi_{22} > \Phi_{12}\Phi_{21} \tag{7.24}$$

$$L_1 L_2 > M^2 \tag{7.25}$$

이 된다. 식 (7.25)로부터

$$k = \frac{M}{\sqrt{L_1 L_2}} \leqq 1 \qquad (0 \leqq k \leqq 1) \tag{7.26}$$

의 관계식이 얻어진다.

여기서 k는 자기(自己)회로의 발생 자속과 타(他)회로와 쇄교자속의 비이며 두 회로의 자기적 결합 정도를 표시하는 계수로 **결합계수**(coupling coefficient) 부른다.

결합계수(k)를 쇄교자속의 비로 표현하면 다음과 같다.

$$k = \frac{\Phi_{12}}{\Phi_{11}} = \frac{\Phi_{21}}{\Phi_{22}} \qquad \left(\frac{\text{타회로와의 쇄교자속수}}{\text{전자속}}\right) \tag{7.27}$$

여기서, $k=0$일 때는 **무결합**이라 부르며 두 회로는 전혀 자기적으로 결합되지 않았음을 나타내고, $k=1$일 때는 **완전결합**이라 부른다.

7-8 인덕턴스에 축적되는 에너지

[그림 7-8]에서 자기 인덕턴스가 L[H]인 토로이드의 스위치를 닫았을 때 코일에 흐르는 전류의 순시치를 i[A]라 하면, 이 자기회로에 유도되는 역기전력은 식 (7.11)로부터 다음과 같이 된다.

$$e=-N\frac{d\Phi}{dt}=-L\frac{di}{dt}\,[V] \tag{7.28}$$

이 회로에 자기회로의 키르히호프 전압 법칙을 적용하면

$$U-L\frac{di}{dt}=Ri\,[V] \tag{7.29}$$

가 되며, 이 식의 양변에 idt를 곱하면

$$Uidt=Ri^2dt+Lidi\,[J] \tag{7.30}$$

와 같은 에너지 관계식이 얻어지는데, 이 경우 우변 2번째 항 Lidi는 토로이드내 저장되는 전자에너지로 다음 식과 같다.

$$dW=Vidt=Lidi\,[J] \tag{7.31}$$

스위치를 넣는 순간 과도전류가 0에서 I[A]까지 이르렀다면 회로에 저장되는 총 전자에너지는

$$W=\int dW=L\int_0^I idi=\frac{1}{2}LI^2\,[J] \tag{7.32}$$

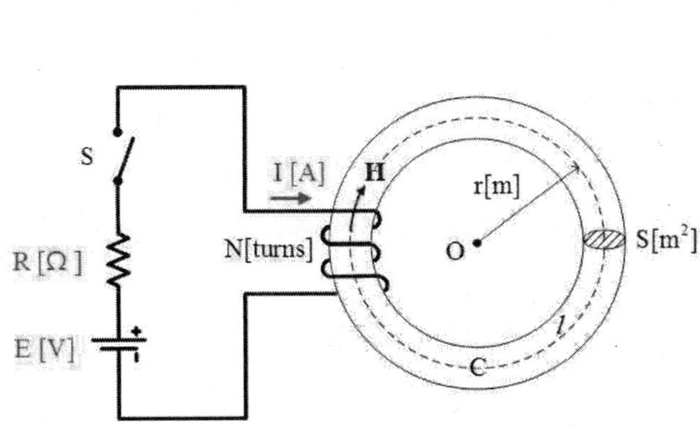

[그림 7-8] 자계 에너지

가 된다. 한편 토로이드 내 **자속쇄교수**는 $\lambda = N\Phi$[Wb·turns]이므로 식 (7.32)의 관계를 적용하면 다음 관계가 성립한다.

$$W = \frac{1}{2}N\Phi I = \frac{1}{2}\Phi I\,[J] \quad (N=1) \tag{7.33}$$

$$W = \frac{1}{2}\Phi I = \frac{1}{2}LI^2 = \frac{1}{2}\frac{\Phi^2}{I}\,[J] \tag{7.34}$$

따라서 자기 인덕턴스는

$$L = \frac{2W}{I^2}\left[H = \frac{J}{A^2}\right] \tag{7.35}$$

가 되며, 여기에 식 (7.34)을 대입하여 회로에 흐르는 전류와 전자에너지 W[J]를 구하면 자기 인덕턴스를 얻을 수 있다.

또한, 환상형 솔레노이드(토로이드)내 자계는 $H = \frac{N}{l}I$ 이다.

토로이드 내 자속밀도는

$$B = \mu H = \mu\frac{N}{l}I \tag{7.36}$$

이며, 자기 인덕턴스는

$$L = \frac{N\Phi}{I} = \frac{BSN}{I}[H] \tag{7.37}$$

가 되고, 토로이드내 축적되는 자기에너지는 다음과 같다.

$$W = \frac{1}{2}LI^2 = \frac{1}{2}BSNI[J] \tag{7.38}$$

토로이드내 자기회로의 부피는 $V = Sl[m^3]$이므로 단위 체적당 저장되는 에너지 밀도 w는

$$w = \frac{W}{V} = \frac{W}{Sl} = \frac{1}{2}BH[J/m^3] \tag{7.39}$$

이 되며, 이 식으로부터 다음과 같은 관계가 성립한다.

$$w = \frac{1}{2}BH = \frac{1}{2}\mu H^2 = \frac{1}{2}\frac{B^2}{\mu}[J/m^3] \tag{7.40}$$

[예제 7-6]

[그림 7-8]에서 $l = 100[cm]$, $S = 10[cm^2]$, $\mu_s = 100$, $N = 1000$회인 회로에 전류 $I = 10[A]$를 흘렸을 때 축적되는 에너지[J]는?

풀이 : $L = \frac{N\Phi}{I} = \frac{N^2}{R_m} = \mu\frac{S}{l}N^2 = \mu_0\mu_s\frac{S}{l}N^2[H]$이므로

$$L = \mu_0\mu_s\frac{S}{l}N^2 = 4\pi\times10^{-7}\times100\times\frac{10\times10^{-4}}{100\times10^{-2}}\times1000^2$$

$$= 4\pi\times10^{-2}[H]$$

$$\therefore\ W = \frac{1}{2}LI^2 = \frac{1}{2}\times4\pi\times10^{-2}\times10^2 = 2\pi[J]$$

[예제 7-7]

[그림 7-8] 회로의 인덕턴스가 20[H]일 때 전압 100[V], 저항 20[Ω]이라면, 인덕턴스에 축적되는 에너지를 구하면 몇 [J]인가?

풀이 : $I = \frac{V}{R} = \frac{100}{20} = 5[A]$

$$\therefore\ W = \frac{1}{2}LI^2 = \frac{1}{2} \times 20 \times 5^2 = 250[J]$$

[예제 7-8]

$I = 4[A]$인 전류가 흐르는 코일과의 쇄교 자속 수가 $\phi = 4[Wb]$일 때, 이 회로에 축적된 자기에너지[J]는?

풀이 : $\therefore\ W = \frac{1}{2}LI^2 = \frac{1}{2}\frac{\phi}{I}I^2 = \frac{1}{2}\phi I = \frac{1}{2} \times 4 \times 4 = 8[J]$

[예제 7-9]

어떤 자기회로에 3000[AT]의 기자력을 줄 때 2×10^{-3}[Wb]의 자속이 통하였다. 이 자기회로에 필요한 에너지[J]는?

풀이 : $W = \frac{1}{2}LI^2 = \frac{1}{2}\phi NI = \frac{1}{2} \times 2 \times 10^{-3} \times 3000 = 3[J]$

7-9 인덕턴스 접속

7.9.1 상호 인덕턴스가 없는 접속

(1) 직렬접속

[그림 7-9](a)와 같이 상호 인덕턴스가 없는 자기 인덕턴스가 각각 L_1, L_2인 인덕턴스를 직렬로 연결하여 회로 양단에 전압 V를 인가하면 각 인덕턴스에 흐르는 전류는 같으며, 회로의 전체 기전력은 각 인덕턴스에 유기되는 기전력의 합과 같다. 따라서

$$V = V_1 + V_2 \tag{7.41}$$

가 되며, 회로 전체의 합성 인덕턴스를 L이라 하면 식 (7.41)은

$$L\frac{di}{dt} = L_1\frac{di}{dt} + L_2\frac{di}{dt}$$

$$L\frac{di}{dt} = (L_1 + L_2)\frac{di}{dt}$$

가 된다. 따라서 이 회로의 합성 인덕턴스는

$$L = L_1 + L_2 \tag{7.42}$$

이다.

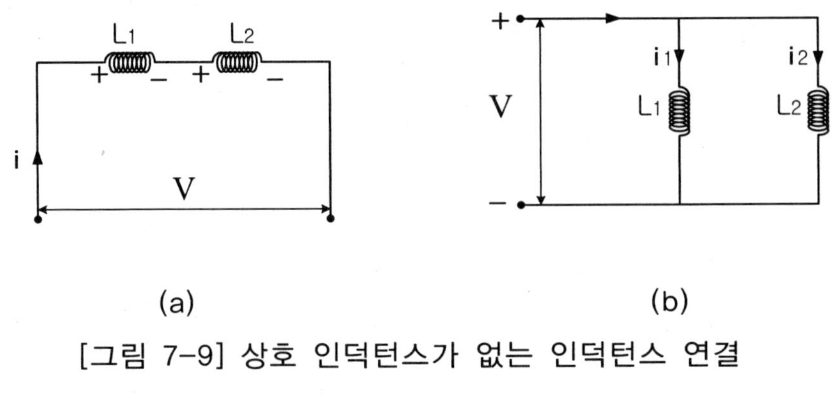

[그림 7-9] 상호 인덕턴스가 없는 인덕턴스 연결

(2) **병렬접속**

[그림 7-9](b)처럼 인덕턴스 L_1, L_2를 병렬접속하고 양단에 전압을 인가하였을 때 각 인덕턴스에 유기되는 기전력은 같다.

$$V = V_1 = L_1\frac{di_1}{dt} = V_2 = L_2\frac{di_2}{dt} \tag{7.43}$$

병렬 회로의 합성 인덕턴스를 L이라 하면 식 (7.43)은

$$L\frac{di}{dt} = L_1\frac{di_1}{dt} = L_2\frac{di_2}{dt} \tag{7.44}$$

가 된다. 이때 전류의 합은 i는 $i = i_1 + i_2$이므로

식 (7.44)의 첫 번째 항은

$$L\frac{di}{dt} = L\frac{d(i_1 + i_2)}{dt} = L\frac{di_1}{dt} + L\frac{i_2}{dt} \tag{7.45}$$

가 되며, 식 (7.43)과 식 (7.45)로부터

$$\frac{V}{L} = \frac{V}{L_1} + \frac{V}{L_2}$$

가 되므로, 합성 인덕턴스는

$$\frac{1}{L} = \frac{1}{L_1} + \frac{1}{L_2} \tag{7.46}$$

또는

$$L = \frac{L_1L_2}{L_1 + L_2} \tag{7.47}$$

가 된다.

7.9.2 상호 인덕턴스가 있는 접속

(1) 직렬접속

[그림 7-10](a)와 같이 상호 인덕턴스가 M[H], 자기인덕턴스 L_1, L_2, 회로 전체 합성 인덕턴스 L인 직렬 회로에서 각 인덕턴스에 유도되는 전압은

$$V_1 = L_1\frac{di}{dt} + M\frac{di}{dt} \tag{7.48}$$

$$V_2 = M\frac{di}{dt} + L_2\frac{di}{dt}$$

가 되며, 회로 전체에 유도되는 전압은 $V = V_1 + V_2$이므로

$$L\frac{di}{dt} = L_1\frac{di}{dt} + L_2\frac{di}{dt} + 2M\frac{di}{dt} = (L_1 + L_2 + 2M)\frac{di}{dt} \tag{7.49}$$

의 관계식이 된다.

따라서 합성 인덕턴스는 다음과 같다.

$$L = L_1 + L_2 + 2M \tag{7.50}$$

[그림 7-10]에서 점의 의미는 전류가 점이 찍힌 단자로 유입할 때 두 인덕턴스의 자속이 같은 방향이 됨을 의미한다. 따라서 그림(a)의 경우 상호 인덕턴스는 $M > 0$이 되며 **가동 접속**이라고 한다.

[그림 7-10](b)의 경우 인덕턴스 L_1은 점이 찍힌 단자로 전류가 유입하나, 인덕턴스 L_2는 점이 안 찍힌 단자로 전류가 유입하므로 두 인덕턴스의 자속이 서로 반대가 되어 상호 인덕턴스는 $M < 0$이 되며, 이를 **차동 접속**이라고 부른다.

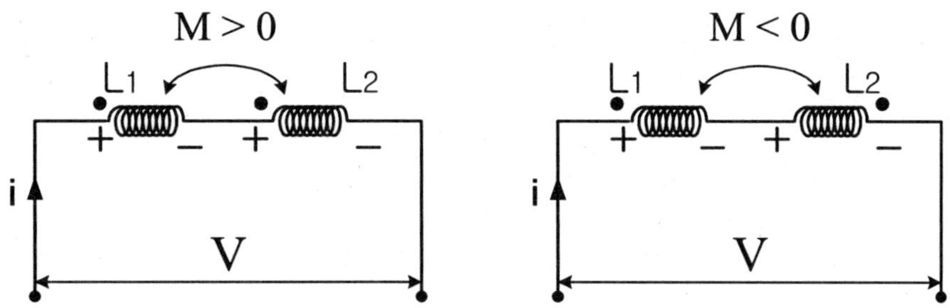

(a) (b)

[그림 7-10] 상호 인덕턴스가 있는 직렬접속

(2) 병렬 접속

[그림 7-11](a)와 같이 상호인덕턴스가 M[H]인 두 인덕턴스의 병렬 접속 회로에서 전류 i[A]가 흐를 경우 합성 인덕턴스는 다음과 같다.

회로에서 전류의 합은 i는 $i = i_1 + i_2$이므로, 양변을 시간에 대해 미분하면 다음과 같다.

$$\frac{di}{dt} = \frac{di_1}{dt} + \frac{di_2}{dt}$$

회로 전 전압과 각 인덕턴스의 전압은 $V = V_1 = V_2$이므로

$$V = L\frac{di}{dt} = (L_1 + M)\frac{di_1}{dt} = (L_2 + M)\frac{di_2}{dt} \qquad (7.51)$$

가 되며, 다음 관계가 얻어진다.

$$\frac{di}{dt} = \frac{V}{L},\ \frac{di_1}{dt} = \frac{V}{L_1 + M},\ \frac{di_2}{dt} = \frac{V}{L_2 + M} \qquad (7.52)$$

따라서 식(7.52)를 식(7.51)에 대입하여 정리하면 그림(a)의 가동접속인 경우 합성 인덕턴스는

$$\frac{1}{L}=\frac{1}{L_1+M}+\frac{1}{L_2+M} \tag{7.53}$$

또는

$$L=\frac{L_1L_2-M^2}{L_1+L_2-2M} \tag{7.54}$$

이 된다.

[그림 7-11](b)처럼 차동 접속하였을 경우 합성 인덕턴스는

$$\frac{1}{L}=\frac{1}{L_1-M}+\frac{1}{L_2-M} \tag{7.55}$$

이거나, 또는

$$L=\frac{L_1L_2-M^2}{L_1+L_2+2M} \tag{7.56}$$

이 된다.

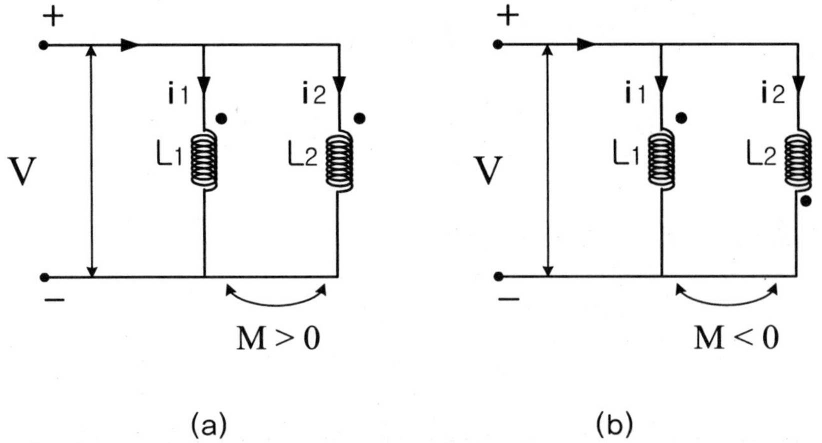

[그림 7-11] 상호 인덕턴스가 있는 병렬접속

7-10 자기 인덕턴스 계산

7-10-1 solenoid의 자기 인덕턴스

(1) 유한 solenoid

[그림 7-12]과 같이 비투자율 μ_s, 단면적 $S[m^2]$, 길이 $l[m]$, 권수 N[turns]인 솔레노이드에 I[A]의 전류가 흐를 때 솔레노이드 내부에는 자속 Φ[Wb]가 발생한다. 이 자기회로에 대한 Ohm의 법칙은 다음과 같다.

$$\mathcal{F} = NI = \Phi R_m [AT]$$

$$\Phi = \frac{NI}{R_m} = \frac{NI}{\dfrac{l}{\mu_0\mu_s S}} = \frac{\mu_0\mu_s NIS}{l} [AT]$$

이다. 자기 인덕턴스는 식 (7.12)로부터 다음과 같이 구해진다.

$$L = \frac{N\Phi}{I} = \frac{\mu_0\mu_s N^2 S}{l} = 4\pi\frac{\mu_s N^2 S}{l} \times 10^{-7} [H] \tag{7.57}$$

위 식의 분모, 분자에 길이 $l[m]$을 곱하면 다음 식과 같이 된다.

$$L = 4\pi\frac{\mu_s N^2 S}{l} \times 10^{-7} \times \frac{l}{l}$$

$$= 4\pi\frac{\mu_s N^2 \pi\left(\dfrac{D}{2}\right)^2}{l} \times 10^{-7} \times \frac{l}{l}$$

$$= 4\pi\mu_s\left(\frac{N}{l}\right)^2 \pi\left(\frac{D}{2}\right)^2 \times 10^{-7} \times l$$

$$= \pi^2\mu_s n^2 D^2 l \times 10^{-7} [H]$$

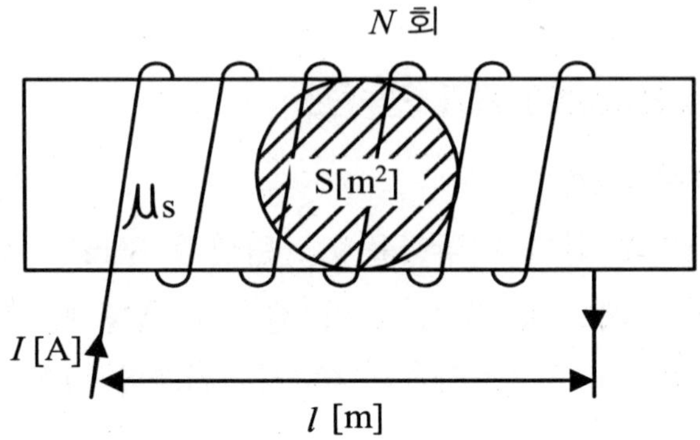

[그림 7-12] 유한길이 솔레노이드

그러나 일반적으로 사용되는 유한장 솔레노이드에서는 끝부분의 자계가 중심보다 적으므로 실제 계산치는 솔레노이드의 모양에 따라서 상수 $k=D/l$가 결정되어 식 (10.54)는 다음 식으로 표시된다.

$$L = k\pi^2\mu_s n^2 D^2 l \times 10^{-7}[H] \tag{7.58}$$

여기서, 상수 k는 **나가오카 계수**이다.

(2) 무한 solenoid

[그림 7-13]과 같이 단위 길이 1[m]에 대한 권수는 n[turns/m], 단면적은 $S[m^2]$인 무한히 긴 솔레노이드에 I[A]의 전류가 흐를 때 단위 길이 당 자기인덕턴스는 다음과 같다.

전류 I[A]에 의한 솔레노이드 내부의 자계의 세기는 $H=nI$이므로 솔레노이드 내부 물질의 투자율 $\mu=\mu_0\mu_s$가 일정하다면 자속밀도는 $B=\mu H=\mu nI$이므로, 자속 Φ는

$$\Phi = B \cdot S = \mu_0\mu_s HS = \mu_0\mu_s nIS$$

가 되며, 단위 길이 당 자속 쇄교 수 λ_0는 다음과 같다.

$$\lambda_0 = n\Phi = \mu_0\mu_s n^2 IS[\mathrm{Wb \cdot turns/m}] \tag{7.59}$$

[표 7-1] 나가오카 계수(Nagaoka coefficient)

k	D/l	k	D/l
0	1.000	1.0	0.688
0.1	0.959	2.0	0.526
0.2	0.920	3.0	0.429
0.3	0.884	4.0	0.365
0.4	0.850	5.0	0.32
0.5	0.818	6.0	0.285
0.6	0.789	7.0	0.258
0.7	0.761	8.0	0.237
0.8	0.735	9.0	0.219
0.9	0.711	10.0	0.203

따라서 단위 길이당 자기인덕턴스 L_0는 다음 식과 같이 된다.

$$L_0 = \frac{\lambda_0}{I} = \mu_0\mu_s n^2 S[\mathrm{H/m}] \tag{7.60}$$

여기서 진공의 투자율 $\mu_0 = 4\pi \times 10^{-7}$과 솔레노이드의 단면적 $S = \pi(D/2)^2[\mathrm{m}]^2$을 대입하여 풀면 자기인덕턴스는 다음 식이 된다.

$$L_0 = 4\pi\mu_s n^2 \pi\left(\frac{D}{2}\right)^2 \times 10^{-7} = \pi^2 \mu_s n^2 D^2 \times 10^{-7} [H/m] \quad (7.61)$$

길이가 l[m]인 경우 솔레노이드의 자기인덕턴스는 단위 길이당 인덕턴스 즉, 식 (10.57), 식 (10.58)에 길이 l을 곱하면 된다.

$$L_l = \mu_0 \mu_s n^2 S l = \pi^2 \mu_s n^2 D^2 l \times 10^{-7} [H] \quad (7.62)$$

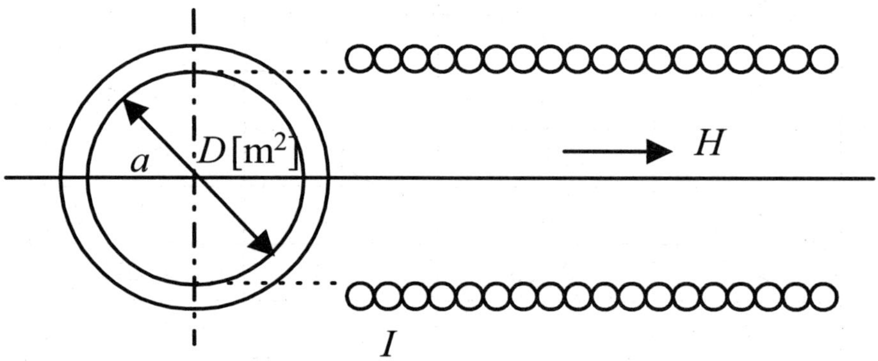

[그림 7-13] 무한히 긴 솔레노이드

(3) 환상 solenoid(toroid)

[그림 7-14]과 같이 반지름 a[m], 단면적 S[m²], 코일 권수 N[turns/m], 투자율 $\mu = \mu_0 \mu_s$인 환상 솔레노이드에 전류 i[A]를 흘렸을 때 자속 Φ[Wb]가 발생하였다.

Toroid의 자기인덕턴스는 자기회로(磁氣回路) 길이인 $l = 2\pi a$[m]를 대입하면 풀면 다음 식으로 나타난다.

$$L = \frac{\mu_0 \mu_s N^2 S}{2\pi a} [H] \quad (7.63)$$

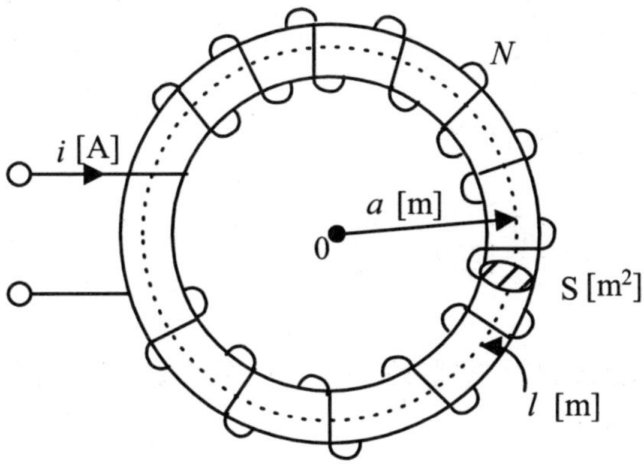

[그림 7-14] 환상 솔레노이드

[예제 7-10]

단면적 $S[m^2]$, 자로의 길이 $l[m]$, 투자율 $\mu[H/m]$의 환상 철심에 1[m]당 N회 균등하게 코일을 감았을 때의 자기인덕턴스는 어떻게 구하는가?

풀이 : 식 (7.57)로부터

$$L = \frac{N\phi}{I} = N\frac{\frac{NI}{R_m}}{I} = \frac{N^2}{\mu\frac{l}{S}} = \frac{\mu_0\mu_s N^2 S}{l}\,[H]$$

7-10-2 동축 케이블

[그림 7-15]와 같은 반지름 $a(< b), b[m]$인 공심 동축 케이블의 단위 길이당 자기인덕턴스는 다음과 같다.

축으로부터 반지름 $r[m](a < r < b)$ 두께 $dr[m]$, 길이 $1[m]$인 내부 도체를 둘러싼 얇은 원통을 고려할 때 $r[m]$인 점의 자계의 세기 H_r은

$$H_r = \frac{I}{2\pi r}[AT/m]$$

로, 그 점에서의 자속밀도는

$$B_r = \mu_0 H_r = \frac{\mu_0 I}{2\pi r}[Wb/m^2] \qquad (7.64)$$

가 되어, 두께 dr[m]인 원통을 지나는 자속은

$$d\Phi = B_r dr = \frac{\mu_0 I}{2\pi r}dr[AT]$$

이 된다. 그러므로 두 도체 간, 즉 a, b 사이를 지나는 자속은

$$\Phi = \int_a^b d\Phi = \frac{\mu_0 I}{2\pi}\int_a^b \frac{1}{r}dr = \ln\frac{\mu_0 I}{2\pi}[\ln r]_a^b \qquad (7.65)$$

$$= \frac{\mu_0 I}{2\pi r}\ln\frac{a}{b}[Wb/m]$$

가 되며, 단위 길이당 자기인덕턴스는

$$L_0 = \frac{N\Phi}{I} = \frac{\mu_0}{2\pi r}\ln\frac{a}{b}[H/m](단,\ N=1) \qquad (7.66)$$

가 된다.

또한, 심선 내부의 자기인덕턴스 $\frac{\mu}{8\pi}$[H/m]를 포함하면 공심 동축 케이블의 단위 길이당 자기인덕턴스는 다음과 같다.

$$L_0 = \frac{\mu_0}{2\pi r}\ln\frac{a}{b} + \frac{\mu}{8\pi}[H/m] \qquad (7.67)$$

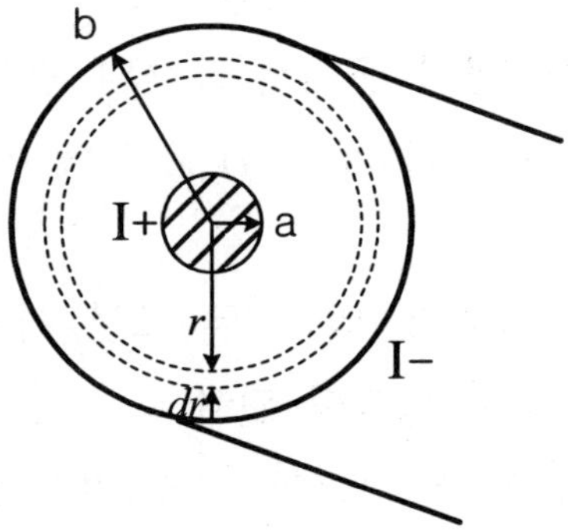

[그림 7-15] 동축케이블

[예제 7-11]

내경 $a=5$[cm], 외경 $b=10$[cm] 높이 $h=20$[cm]인 내부가 빈 원기둥형 고리 철심에 $N=1000$회의 코일을 감았을 때, 이 코일의 자기인덕턴스를 구하여라.

단, 철심의 비투자율은 $\mu_s=1000$ 이다.

풀이 : $\mathrm{Li}=\lambda=\mathrm{N}\Phi=\mathrm{N}\int_a^b \mathrm{B}\cdot \mathrm{ds}=\mathrm{N}\int_a^b \frac{\mathrm{Ni}}{2\pi \mathrm{r}}\mu\cdot \mathrm{h}\cdot \mathrm{dr}$

$$=\frac{\mathrm{N}^2\mathrm{i}\mu \mathrm{h}}{2\pi}\ln\frac{\mathrm{b}}{a}$$

$$\mathrm{L}=\frac{\mathrm{N}^2\mu \mathrm{h}}{2\pi}\ln\frac{\mathrm{b}}{a}[\mathrm{H}]$$

와 같이 자기인덕턴스가 주어진다. 따라서,

$$\mathrm{L}=\frac{(100)^2\times 4\pi\times 10^{-7}\times 1000\times 0.2}{2\pi}\times \ln 2=0.4\times \ln 2 \fallingdotseq 0.277[\mathrm{H}]$$

7-10-3 평행왕복 도체의 자기 인덕턴스

[그림 7-16]과 같이 공기 중에서 도선의 반지름 a[m], 선간 거리 d($\gg a$)[m]인 평행왕복 도선의 단위 길이에 대한 자기 인덕턴스는 다음과 같다.

두 도선의 전류 ±I[A]에 의한 두 도선 사이의 자계는 암페르의 오른손 법칙에 따라 같은 방향이 된다.

도선 1의 중심축으로부터 도선1, 2를 연결하는 직선상의 x[m]되는 점의 자계의 세기는

$$H_x = \frac{I}{2\pi x} + \frac{I}{2\pi(d-x)} \,[\mathrm{AT/m}] \tag{7.68}$$

가 되며, 자속밀도는

$$B_x = \mu_0 H_x = \frac{\mu_0 I}{2\pi}\left(\frac{1}{x} + \frac{1}{d-x}\right)[\mathrm{Wb/m^2}] \tag{7.69}$$

이 된다.

따라서 그 위치에서 단위 길이의 미소 면적 dS = dx × 1 = dx 를 취했을 때 자속 $d\Phi$는

$$d\Phi = B_x dS = \mu_0 H_x dx = \frac{\mu_0 I}{2\pi}\left(\frac{1}{x} + \frac{1}{d-x}\right)dx$$

가 되며, 도선 1, 2 사이에 단위 길이당 쇄교 자속은

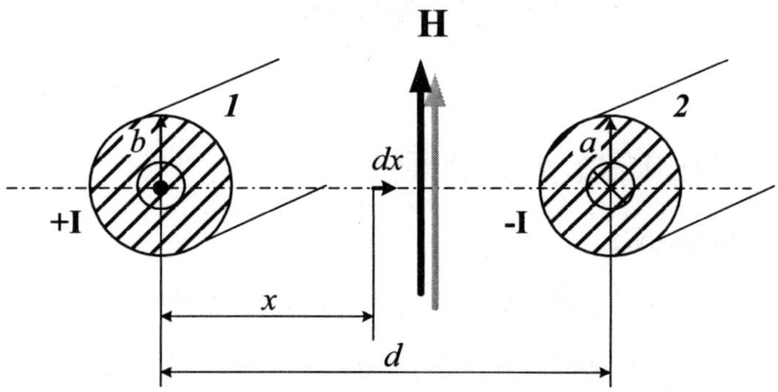

[그림 7-16] 평행왕복 도체

$$\Phi = \int_{a}^{d-a} d\Phi = \frac{\mu_0 I}{2\pi}\int_{a}^{d-a}\left(\frac{1}{x}+\frac{1}{d-x}\right)dx \tag{7.70}$$

$$= \frac{\mu_0 I}{\pi}\ln\frac{d-a}{a}$$

$$\fallingdotseq \frac{\mu_0 I}{\pi}\ln\frac{d}{a}\,[\mathrm{Wb/m}]$$

가 된다. 그러므로 단위 길이당 자기 인덕턴스는

$$L_0 = \frac{\Phi}{I} = \frac{\mu_0}{\pi}\ln\frac{d}{a}\,[\mathrm{H/m}] \tag{7.71}$$

의 관계식이 얻어지며, 두 도선 내부의 인덕턴스를 고려하면

$$L_0 = \frac{\mu_0}{\pi}\ln\frac{d}{a} + \frac{\mu}{4\pi}\,[\mathrm{H/m}] \tag{7.72}$$

가 된다.

7-11 상호 인덕턴스 계산 예

7-11-1 솔레노이드의 상호 인덕턴스

(1) 환상 solenoid

[그림 7-17]과 같이 자로 길이 l[m], 단면적 S[m^2], 투자율 $\mu=\mu_0\mu_s$인 철심에 권수 N_1, N_2[turns]인 두 코일을 감았을 때 1차 코일의 전류 I_1에 의한 자속 Φ_1[Wb]는

$$\Phi_1=\frac{N_1 I_1}{R_m}=\frac{N_1 I_1}{\dfrac{l}{\mu_0\mu_s S}}=\frac{\mu_0\mu_s N_1 S}{l}I_1[\mathrm{Wb}] \tag{7.73}$$

가 된다.

그러므로 2차 코일과 쇄교하는 자속 수는

$$N_2\Phi_1=\frac{\mu_0\mu_s N_1 N_2 S}{l}I_1[\mathrm{Wb}] \tag{7.74}$$

가 되므로, 1, 2차 코일 사이의 상호 인덕턴스는

$$M_{21}=\frac{N_2\Phi_1}{I_1}=\frac{\mu_0\mu_s N_1 N_2 S}{l}=4\pi\frac{\mu_s N_1 N_2 S}{l}\times 10^{-7}[\mathrm{H}] \tag{7.75}$$

가 된다. 여기서, 1, 2차 코일의 자기 인덕턴스는 식(7.75)로부터

$$L_1=\frac{4\pi\mu_s N_1^2 S}{l}\times 10^{-7}[\mathrm{H}] \tag{7.76}$$

$$L_2=\frac{4\pi\mu_s N_2^2 S}{l}\times 10^{-7}[\mathrm{H}]$$

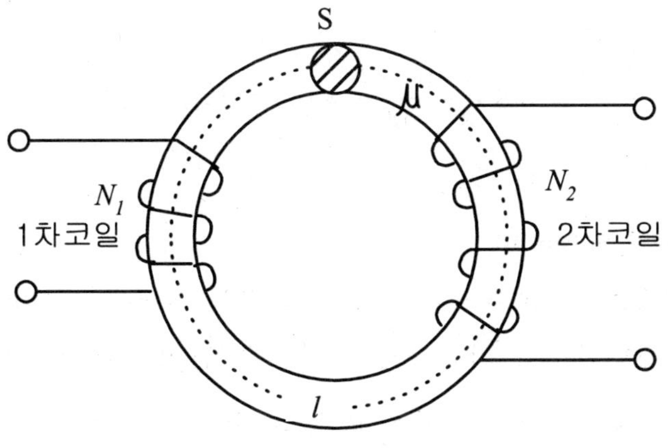

[그림 7-17] 환상 솔레노이드의 인덕턴스

[예제 7-12]

환상 철심에 권수 $N_1 = 100$회, $N_2 = 200$회인 두 코일이 결합계수 0.8로 결합되어 있을 때, N_2 코일의 자기인덕턴스가 $L_2 = 5[H]$ 이면, 두 코일 간의 상호인덕턴스는 얼마인가?

풀이 : 두 코일의 자기인덕턴스 $L_1 = \frac{\mu N_1^2 S}{l}$, $L_2 = \frac{\mu N_2^2 S}{l}$

$$\frac{L_1}{L_2} = \frac{N_1^2}{N_2^2}$$

$$\therefore\ L_1 = \frac{N_1^2}{N_2^2} L_2$$

결합계수는 $k = \frac{\pm M}{\sqrt{L_1 L_2}}$으로 부터

$$0.8 = \frac{M}{\sqrt{\frac{N_1^2}{N_2^2} L_1 L_2}} = \frac{MN_2}{N_1 L_2}$$

이므로

$$\therefore\ M = \frac{N_1 L_2}{N_2} \times 0.8 = \frac{100 \times 5}{200} \times 0.8 = 2[H]$$

(2) 유한길이 solenoid

[그림 7-18]처럼 권수 N_1[turns], 단면적 S[m^2], 길이 l[m]의 공심 원통 솔레노이드의 바깥쪽을 중심축을 같이하여 권수N_2[turns]의 공심 원통 솔레노이드가 둘러싸고 있을 때 두 솔레노이드 간의 상호인덕턴스는 다음과 같다. 안쪽 솔레노이드의 코일의 전류 I_1[A]에 의한 Φ_1[Wb]는 $\Phi_1 = \frac{\mu_0 \mu_s N_1 S}{l} I_1$[Wb]이다.

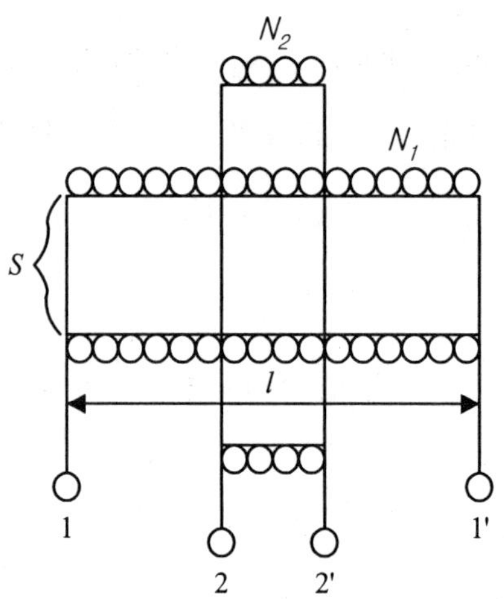

[그림 7-18] 유한길이 솔레노이드의 상호인덕턴스

안쪽 코일에서 발생한 자속 Φ_1은 바깥쪽 코일과 전부 쇄교하므로 두 코일 간의 $M(=M_{21})$상호인덕턴스는 다음과 같다.

$$M = \frac{N_2 \Phi_1}{I_1} = \frac{\mu_0 \mu_s N_1 N_2 S}{l} = \frac{4\pi \mu_s N_1 N_2 S}{l} \times 10^{-7}[H] \qquad (7.77)$$

7-11-2 2조의 왕복배전선

[그림 7-19]와 같이 왕복 도선 A_1, A_2와 B_1, B_2인 2조의 배전선에 있어서 도선 A_1, A_2의 전류 $\pm I_1$[A]에 의한 B_1, B_2사이에 위치한 점 P의 자계는

$$H_+ = \frac{I_1}{2\pi r}(d_1 < d_2)[AT/m] \tag{7.78}$$

$$H_- = \frac{-I_1}{2\pi r}(d_3 < d_4)[AT/m] \tag{7.79}$$

가 되므로, B_1, B_2사이의 길이 l[m], 폭dr[m]인 미소 면적 dS[m^2]을 지나는 자속은

$$\Phi_+ = B_+ \cdot dS = \mu_0 H_+ dS = \frac{\mu_0 I_1}{2\pi r}dr \times 1 = \frac{\mu_0 I_1}{2\pi r}dr \tag{7.80}$$

$$\Phi_- = B_- \cdot dS = \mu_0 H_- dS = \frac{-\mu_0 I_1}{2\pi r}dr \times 1 = \frac{-\mu_0 I_1}{2\pi r}dr \tag{7.81}$$

가 되며, B_1, B_2사이와 단위 길이당 쇄교하는 자속 수는 다음과 같다.

$$\lambda_+ = \int_{d_1}^{d_2} \frac{\mu_0 I_1}{2\pi r}dr = \frac{\mu_0 I_1}{2\pi}\ln\frac{d_2}{d_1}[Wb/m] \tag{7.82}$$

$$\lambda_- = \int_{d_3}^{d_4} \frac{-\mu_0 I_1}{2\pi r}dr = \frac{\mu_0 I_1}{2\pi}\ln\frac{d_3}{d_4}[Wb/m]$$

$$\lambda_{BA} = \lambda_+ + \lambda_- = \frac{\mu_0 I_1}{2\pi}\ln\frac{d_2 d_3}{d_1 d_4}[H/m] \tag{7.83}$$

그러므로 A_1, A_2의 전류 $\pm I_1$[A]에 의한 B_1, B_2사이의 자속 쇄교수가 되므로, 상호 인덕턴스는 다음과 같다.

$$M = \frac{\lambda_{BA}}{I_1} = \frac{\mu_0}{2\pi} \ln \frac{d_2 d_3}{d_1 d_4} \, [H/m] \tag{7.84}$$

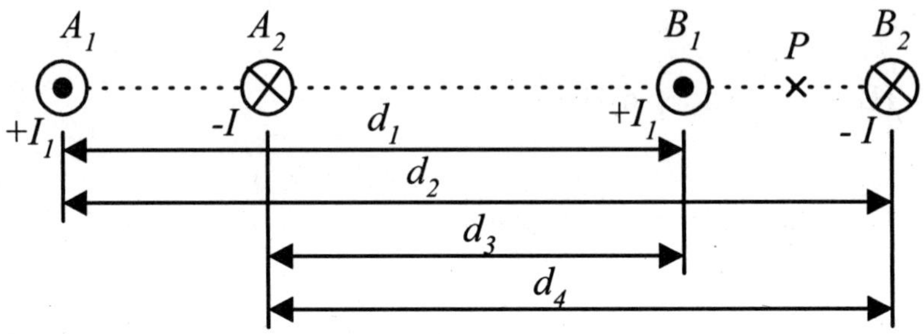

[그림 7-19] 2조의 왕복배전선

제 8 장

전자계

8-1 변위전류

전기에너지 흐름인 전류는 도체에 흐르는 **전도전류**(conducrion current), 전해액 혹은 플라스마 중의 이온의 흐름과 같은 **대류전류**(convection current), 유전체(절연체)에서 구속전자의 변위에 따른 **변위전류**(displacement current)로 크게 나누어지며, 이들은 모두 Ampere의 주회적분법칙에 따른 자계가 주위에 발생하며, 공간 도체 내를 흐르는 정상전류(전도전류)에 발생하는 자계는 $\mathrm{rot}\mathbf{H}=\mathbf{J}\,[\mathrm{A/m^2}]$로 주어진다.

[그림 8-1]과 같은 전기회로에서 콘덴서 극판에 전하 $Q[\mathrm{C}]$이 충전되면 극판 사이에는 충전 전하밀도 $\sigma[\mathrm{C/m^2}]$에 의한 전속밀도 $D[\mathrm{C/m^2}]$가 다음과 같다.

$$\mathbf{D}=\mathbf{n}\sigma\,[\mathrm{C/m^2}]$$

따라서 극판의 전전하는 $Q=\sigma S[\mathrm{C}]$이며 극판에 유입하는 전류는 다음과 같이 변위전류 I_d가 된다.

$$I_d=\frac{dQ}{dt}=\frac{d\sigma}{dt}S=\frac{dD}{dt}S=\frac{d\mathbf{D}}{dt}\cdot\mathbf{n}S\,[\mathrm{A}]$$

또한 $\mathbf{D}=\epsilon\mathbf{E}=\epsilon_0\mathbf{E}+\mathbf{P}\,[\mathrm{C/m^2}]$의 관계로부터 변위 전류밀도 i_d는

$$i_d=\frac{\partial D}{\partial t}=\epsilon\frac{\partial \mathbf{E}}{\partial t}=\epsilon_0\frac{\partial \mathbf{E}}{\partial t}+=\epsilon\frac{\partial \mathbf{P}}{\partial t}\,[\mathrm{A/m^2}] \tag{8.1}$$

이다. 이 식으로부터 전속밀도의 시간적 변화 때문에 유도되는 전류밀도임을 알 수 있으며, Maxwell은 이것을 **변위 전류밀도**라 하고 다음과 같이 나타내었다.

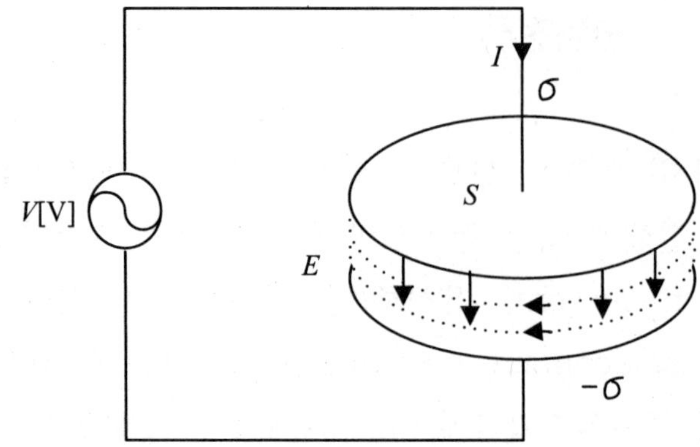

[그림 8-1] 콘덴서의 변위전류

[문제 8-1]

평행 판 전극 사이에 유전율 ϵ인 유전체가 있고, 전극 간격이 d[m]인 콘덴서의 전극에 $v = V_m \sin\omega t$[V]의 전압을 인가했을 때 발생하는 변위 전류밀도를 구하라?

풀이 : $i_d = \frac{\partial D}{\partial t} = \epsilon \frac{\partial E}{\partial t} = \frac{\epsilon}{d} \frac{\partial V}{\partial t} = \frac{\epsilon}{d} V_m \frac{\partial \sin\omega t}{\partial t} = \frac{\epsilon}{d} \omega V_m \cos\omega t \, [A/m^2]$

8-2 Maxwell 제1전자 방정식

자속 Φ와 쇄교하는 폐곡선 C와 면적이 S[m^2]인 코일을 통과하는 자속밀도 B[Wb/m^2]가 시간적으로 변화할 때 Faraday의 법칙에 따라 유도되는 역기전력은 다음과 같다.

$$e = -\frac{d}{dt} \int \int_s B \cdot n dS$$

$$e = \oint_C E \cdot dL$$

따라서 위 식으로부터 다음과 같은 관계가 얻어진다.

$$\oint_C E \cdot dL = -\frac{d}{dt}\int\int_s B \cdot ndS \tag{8.2}$$

식 (8.2)의 우변은 자계가 시간에 따라 변화하는 것이므로

$$-\frac{d}{dt}\int\int_S B \cdot ndS = \int\int_S -\frac{\partial B}{\partial t} \cdot ndS \tag{8.3}$$

이며, 식 (8.2)의 좌변은 Stokes의 정리에 의하여

$$\oint_C E \cdot dL = \int\int_s (\nabla \times E) \cdot ndS$$

이므로, 식 (8.2)는 다음과 같다.

$$\int\int_s (\nabla \times E) \cdot ndS = \int\int_s -\frac{\partial B}{\partial t} \cdot ndS \tag{8.4}$$

따라서 다음과 같은 관계식이 유도된다.

$$\nabla \times E = -\frac{\partial B}{\partial t} \tag{8.5}$$

이 식은 한 점의 자속밀도 B가 시간에 따라 변화하면, 이 변화를 방해하는 방향으로 전계 E가 자속밀도 주위에 유도됨을 의미하며, 이 관계식을 **맥스웰의 제1방정식**이라한다.

8-3 Maxwell 제2전자 방정식

변위전류는 주위에 회전 자계를 발생시켜 다음 관계가 성립한다.

$$\mathrm{rot}H = \frac{\partial D}{\partial t}\,[\mathrm{A/m^2}] \tag{8.6}$$

이 관계식은 전속밀도(전계)가 시간적으로 변화하면 이에 따라 주위에 회전하는 자기력선이 발생함을 의미하며, 모든 매질(유전체)에 적용되며 **Maxwell의 제2전자 방정식**이다.

만일 매질 중에 전도전류와 변위전류가 동시에 존재한다면

$$\mathrm{rot}H = \nabla \times H = J + \frac{\partial D}{\partial t}\,[\mathrm{A/m^2}] \tag{8.7}$$

로 결정되는 자계가 발생할 것이다.

시간적으로 변화하는 전계 및 자계에 의해 생성되는 자계 및 전계는 주의 매질(유전체, 자성체, 도전체)의 영향을 받으며, 다음과 같은 관계가 있다.

$$D = \epsilon E\,[\mathrm{C/m^2}] \tag{8.8}$$

$$B = \mu H\,[\mathrm{Wb/m^2}]$$

$$J = \sigma E\,[\mathrm{A/m^2}]$$

$$J = \rho_v E\,[\mathrm{A/m^2}]$$

이들 방정식을 **맥스웰 방정식의 보조 방정식**이라 한다.

8-4 자유 공간 내의 전자파

자유 공간 내에서 시간적으로 변화하는 전계 및 자계는 식 (8.5)와 식 (8.6)의 맥스웰의 전자방정식과 매질의 관계를 표시하는 식 (8.8)을 만족하며, 여기에서 유도되는 전자계는 **전자파**(electromagnetic wave)로 공간을 전파한다.

맥스웰의 제 1, 제 2전자 방정식은 식 (8.5)와 식 (8.6)으로부터

$$\nabla\times E=-\frac{\partial B}{\partial t}=-\mu_0\frac{\partial H}{\partial t} \tag{8.9}$$

$$\nabla\times H=\frac{\partial D}{\partial t}=\varepsilon_0\frac{\partial E}{\partial t} \tag{8.10}$$

가 되며, 식 (8.9)의 양변을 ∇(nabla)로 벡터곱하여 회전시키면

$$\nabla\times\nabla\times E=-\mu_0\frac{\partial}{\partial t}\nabla\times H=-\mu_0\epsilon_0\frac{\partial^2 E}{\partial t^2} \tag{8.11}$$

의 관계식이 유도되며, 벡터공식으로부터

$$\nabla\times\nabla\times E=\nabla(\nabla\cdot E)-\nabla^2 E \tag{8.12}$$

의 관계가 얻어진다.

자유 공간에서는 전하분포는 $\rho[C/m^3]=0$이므로

$$\nabla\cdot E=0$$

이 되며, 식 (8.11)과 식 (8.12)로부터

$$\nabla^2 E=\mu_0\epsilon_0\frac{\partial^2 E}{\partial t^2} \tag{8.13}$$

의 관계가 얻어진다.

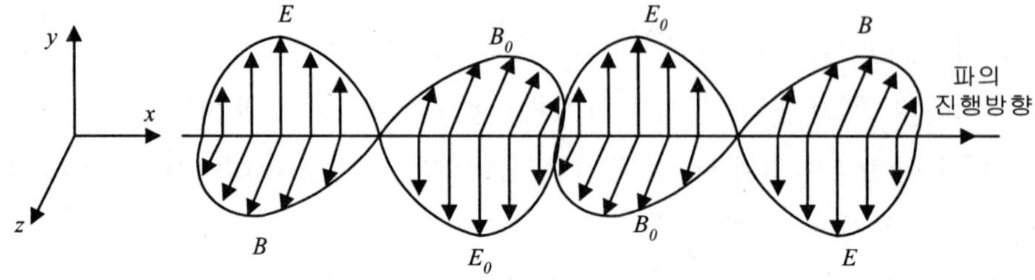

[그림 8-2] 전자파의 전파모형

마찬가지로 방법으로 식 (8.10)의 양변에 벡터 회전을 취하면

$$\nabla^2 H = \mu_0 \epsilon_0 \frac{\partial^2 H}{\partial t^2} \tag{8.14}$$

의 관계식 유도되며, 여기서, 식 (8.13)과 식 (8.14)는 횡파인 **전자파의 파동방정식**이다.

전계와 자계는 항상 공존하므로 자유 공간 내에서 시가변의 전계와 자계는 전자파의 상태로 전파함을 알 수 있다.

8-5 자유 공간에서의 파동 현상

전자파의 자유 공간에서 전파속도는 [그림 8-2]와 같이 전자파가 v[m/s]의 속도로 x방향으로 전파하며, 전계와 자계 E, B는 각각 y, z방향으로 파장이 λ, 진동수가 f인 sin함수로 진동하고 있다고 하면

$$E = E_y = E_0 \sin(kx - \omega t) \tag{8.15}$$

$$B = B_z = B_0 \sin(kx - \omega t) \tag{8.16}$$

와 같으며, 파동의 전파속도는

$$f\lambda = \frac{\omega}{k} = v \tag{8.17}$$

이다. 여기서 k는 파수(wave number)로 $k = \frac{2\pi}{\lambda}$가 되며, ω는 각 주파수로 $\omega = 2\pi f$이다.

따라서 맥스웰의 전자방정식 식 (8.9)로부터

$$\frac{\partial E}{\partial x} = -\frac{\partial B}{\partial t} \tag{8.18}$$

이며, 여기에 식 (8.15)와 식 (8.16)을 대입하여 정리하면

$$kE_0 \cos(kx - \omega t) = \omega B_0 \cos(kx - \omega t)$$

가 되며, 위 식으로부터 파동 속도 v[m/s]를 얻는다.

$$v = \frac{\omega}{k} = \frac{E_0}{B_0} = \frac{E}{B} \tag{8.19}$$

가 된다. 또한, 맥스웰의 전자방정식 식 (8.10)로부터

$$\frac{\partial B}{\partial x} = -\epsilon_0 \mu_0 \frac{\partial E}{\partial t} \tag{8.20}$$

가 얻어지며, 여기에 식 (8.15)와 식 (8.16)을 대입하면 다음과 같다.

$$kB_0 \cos(kx - \omega t) = \epsilon_0 \mu_0 \omega E_0 \cos(kx - \omega t)$$

$$\frac{B_0}{E_0} = \frac{\epsilon_0\mu_0\omega}{k} = \epsilon_0\mu_0 v \qquad (8.21)$$

따라서 식 (8.19)와 식 (8.20)으로부터 전자파의 전파속도는

$$v = \frac{1}{\sqrt{\epsilon_0\mu_0}} \qquad (8.22)$$

이 된다. 또한, 진공의 유전율 $\epsilon_0 = \frac{1}{36\pi \times 10^9}$[F/m]와 진공의 투자율 $\mu_0 = 4\pi \times 10^{-7}$[H/m]을 대입하여 정리하면

$$v = \frac{1}{\sqrt{\epsilon_0\mu_0}} = 3 \times 10^8 [m/s] \qquad (8.23)$$

로 진공 중의 빛의 속도 c와 같으며, 전자파의 파장은

$$\lambda = \frac{c}{f} = \frac{3 \times 10^8}{f} [m] \qquad (8.24)$$

이 된다.

[문제 8-2]

비유전율이 4.5, 비투자율이 2인 유체 속에서 진행하는 전자파의 속도는 몇 [m/s]인가?

풀이 :

$$v = \frac{1}{\sqrt{\epsilon\mu}} = \frac{1}{\sqrt{\epsilon_0\epsilon_s\mu_0\mu_s}} = \frac{1}{\sqrt{\epsilon_0\mu_0}}\frac{1}{\sqrt{\epsilon_s\mu_s}} = \frac{3 \times 10^8}{\epsilon_s\mu_s} = \frac{3 \times 10^8}{4.5 \times 2}$$

$$= 3.3 \times 10^7 [m/s]$$

8-6 포인팅 정리

전계와 자계에너지 $W_E = \frac{1}{2}\epsilon E^2[J/m^3]$, $W_H = \frac{1}{2}\epsilon H^2[J/m^3]$가 자유 공간에 분포할 때 이 공간 내 저장된 에너지는 단위 체적당

$$W = \frac{1}{2}\left(\epsilon_0 \mathbf{E}^2 + \mu_0 \mathbf{H}^2\right)[J/m^3] \tag{8.25}$$

이 된다.

지금 각각 **E**, **H**의 전자계가 평면 파를 이루고 속도 v[m/s]로 공간을 전파한다면 진행 방향에 대하여 수직되는 단위면적을 단위 시간에 통과하는 에너지는 다음과 같다.

$$P = \frac{1}{2}(\epsilon_0 \mathbf{E}^2 + \mu_0 \mathbf{H}^2)v \ [W/m^2] \tag{8.26}$$

또한 식 (8.22)와 식 (8.19)로부터

$$v = \frac{1}{\sqrt{\mu\varepsilon}}, \ E = \sqrt{\frac{\mu_0}{\epsilon_0}}H$$

의 관계가 성립하므로

$$P = \frac{1}{\sqrt{m_0\epsilon_0}}\left\{\frac{1}{2}\epsilon_0 E\left(\sqrt{\frac{m_0}{\epsilon_0}}H + \frac{1}{2}m_0 H\left(\sqrt{\frac{\epsilon_0}{m_0}}E\right)\right\} \tag{8.27}$$

$$= EH \ [W/m^2]$$

이 된다.

이 관계식은 전력이 전자파 형태로 단위면적을 통과하여 전자파의 진행 방향으로 흐르고 있음을 의미한다. 전자파가 평면 파인 경우는 [그림 8-2]와 같이 **E**와 **H**는 서로 수직이고 크기 $EH[W/m^2]$는 **E**와

H의 벡터 곱(외적)이 되므로

$$P = E \times H\,[W/m^2] \tag{8.28}$$

로 표시할 수 있다. 이 관계식은 전자파에너지 흐름의 방향과 크기를 동시에 나타내고 있으며, 이 벡터를 **포인팅벡터**(poynting vector)라 한다.

또한, 임의 면를 통하여 단위 시간에 흐르는 에너지(방사 전력)는

$$P = \int\int_s P \cdot ndS = \int\int_s (E \times H) \cdot ndS \tag{8.29}$$

이다. 이처럼 전자계 내 임의 점의 전계나 전자파의 에너지를 구하는데 이용되는 이 관계를 **포인팅 정리**(poynting's theorem)라 한다.

[문제 8-3]

50[kW] 전력의 안테나에서 균일하게 전자파가 방사될 때 10[km] 떨어진 점의 전계의 세기는 얼마인가?

풀이 : $P = \frac{W}{S} = \frac{50 \times 10^3}{4 \times \pi \times (10^4)^2} = 3.97 \times 10^{-5}\,[J/m^2]$

$H = \sqrt{\frac{\epsilon_0}{\mu_0}}E = \sqrt{\frac{8.854 \times 10^{-12}}{4\pi \times 10^{-7}}}E = 2.655 \times 10^{-3}E\,[AT/m]$

$P = EH$에서

$E = \frac{P}{H} = \frac{P}{2.655E}$가 되며

$E^2 = \frac{P}{2.655}$이므로

$\therefore\ E = \sqrt{\frac{P}{2.655}} = \sqrt{\frac{3.97 \times 10^{-5}}{2.655}} = 62.1\,[mV/m]$

[문제 8-4]

공기 중에서 전계의 진행파 진폭이 5[mV/m]일 때, 자계의 진행파 진폭 H를 구하라.

풀이 :

$$H=\sqrt{\frac{\epsilon_0}{\mu_0}}E=\sqrt{\frac{8.854\times10^{-12}}{4\pi\times10^{-7}}}E=2.655\times10^{-3}E\,[AT/m]$$

E = 5[mV/m]를 대입하여 풀면

$$H=2.655\times10^{-3}\times5\times10^{-3}=13.275\times10^{-6}\,[AT/m]$$

찾아보기

기초전자기학

2019년 1월 20일 1판 1쇄 발행

저 자 윤 현 상
발행인 남 승 우

발행처 도서출판 상尙 학學 당堂
서울특별시 동작구 사당로9가길 6
TEL : 02) 595-1692～4
FAX : 02) 595-1394
E-mail : namdoo6@unitel.co.kr
신고 : 2-155호 (1968. 11. 29)

정가 26,000원

ISBN 978-89-6587-173-6 93560